四川师范大学学术著作出版基金资助
国家社科基金项目：西南民族地区传统村落公共文化空间保护与重构研究（项目编号：20BMZ053）
四川省社科年度规划项目：川西民族地区传统公共建筑保护与空间重构研究（项目编号：SC19B107）

川西民居建筑研究

CHUANXI MINJU JIANZHU YANJIU

黄东升 ◎ 著

中国纺织出版社有限公司

内 容 提 要

建筑是时代、地域和人类历史的最忠实的记录，每个民族都有自己独特的文化，而建筑就是其文化的重要组成部分，它反映着这个民族的审美观念、社会观念以及地域性。因此，要了解一个民族的过往历史、文化传统和生活方式，透视其民族性格，最便捷的方法莫过于观察它的建筑。川西地区是我国少数民族聚集的地区，其特殊的地域和地貌特征，造就了形式众多的民族建筑。本书将围绕川西少数民族建筑展开论述，先从川西地区的少数民族与少数民族文化谈起，随后以川西地区的藏族、羌族、彝族、回族等少数民族为代表，论述川西地区少数民族建筑的独特性与多元性，探讨其种类多样的建筑装饰、独特的营造技艺，挖掘其中蕴含的朴素而深广的建筑哲理。

图书在版编目（CIP）数据

川西民居建筑研究 / 黄东升著 . -- 北京 : 中国纺织出版社有限公司，2022.11

ISBN 978-7-5229-0054-4

Ⅰ . ①川… Ⅱ . ①黄… Ⅲ . ①川西地区－民族建筑－建筑艺术－研究 Ⅳ . ① TU29

中国版本图书馆 CIP 数据核字 (2022) 第 212961 号

责任编辑：刘桐妍　　责任校对：高　涵　　责任印制：王艳丽

中国纺织出版社有限公司出版发行

地址：北京市朝阳区百子湾东里 A407 号楼　邮政编码：100124

销售电话：010—67004422　传真：010—87155801

http://www.c-textilep.com

中国纺织出版社天猫旗舰店

官方微博 http://weibo.com/2119887771

天津千鹤文化传播有限公司印刷　　各地新华书店经销

2022 年 11 月第 1 版第 1 次印刷

开本：787×1092　1/16　印张：12.5

字数：203 千字　定价：89.90 元

前　言

川西在古代一般指成都、乐山、德阳、眉山、雅安一带，不包括川西高原，现在多指四川省行政区西部的雅安、甘孜、阿坝等地区。考古研究显示，这里是我国文化交流、民族融合的重要区域。早在石器时代就有原始先民在此生活繁衍，这里孕育了羌族、藏族、彝族等多个民族，因此被誉为“川西藏彝走廊”。

建筑是经济和文化凝结的艺术，不仅能够体现其所处时代、地域的经济发展状况，还能够表现当地独有的风土人情，具有很强的历史性、民俗性、地域性和宗教性特征，常成为一个地区的标志物。由于川西地区多样的地域环境和多元的民族文化，各族人民因地制宜，积极地将当地的自然环境与本土文化结合在一起，修建了类型多样、造型独特、风格淳朴的建筑，如藏族的高碉、羌族的官寨、彝族的杈杈房等，为中华大地增添了不少亮丽的点缀，同时展现了不同民族的文化魅力。这些建筑不仅是人们生活的空间，也是民俗文化活动的场所，反映着该民族的社会观念和审美观念。因此，研究川西民居建筑有利于对该区域内各民族历史、生态、人文等方面的探究，也有利于我国民族建筑的发展。因此，笔者精心撰写了《川西民居建筑研究》一书。

本书由五章内容组成。第一章绪论是全书的开篇，简单地论述了我国各个民族建筑的相关知识，主要包括少数民族建筑的类型及其与生态环境、民族文化之间的关系等内容，帮助读者构建知识框架，为下文的进一步阐述打好基础。在川西地区聚居的民族主要是藏族、羌族和彝族，因而接下来的三章内容分别阐述了川西藏族建筑、川西羌族建筑和川西彝族建筑的相关知识。具体来讲，第二章主要分析了川西藏族建筑的形成环境、川西藏族传统聚落的选址方法、川西藏族建筑的元素构成与装饰手法以及川西藏族的建筑类型等，详细说明了川西藏族建筑古朴雄浑、开阔壮丽的特点。第三章以相同的结构阐明了川西羌族官寨建筑、碉楼建筑、民居建筑的恢弘气势。第四章着眼于川西彝族建筑，先论述了川西彝族建筑形成的自然环境和人文环境，接着详细解析了川西彝族建筑在环境、朝向和布局方面的选择，然后深入探索了川西彝族建筑的风格特点和文化价值，最后仔细梳理了川西彝族建筑的类型和营造之道。第五章以个案的视角对不同民族传统公共建筑与聚落文化进行了调查研究。

本书的特点集中体现在以下两个方面：

第一，本书论述力求简明扼要、深入浅出，并配以直观的案例图片，便于读者理解。

第二，本书系统完整，内容丰富，围绕川西民居建筑的形成与特色展开，包括川西藏族、羌族、彝族建筑的形成环境、选址、装饰与案例等内容。

在本书的撰写过程中，笔者借鉴了国内外学者的相关文献资料，特此致以衷心的感谢。另外，因笔者水平有限，本文定有许多纰漏之处和不足，恳请各位学者专家和广大读者批评指正。最后，感谢在前期调研过程中对笔者提供帮助和支持的各位专家、学者、当地居民及同学们，感谢李锦教授对调研提出的建议和意见，感谢蔡光洁教授为调研提供的指导，感谢耿兆辉、袁园老师为调研提供的帮助，感谢韩龙康老师的陪同和向导，感谢王蕾、黄姝彦老师对本书撰写提出的建议，感谢吴扬灵、张宁、章鹏云、余浪、肖青琪、黄月、刘亚婷、张洁美同学在前期资料收集整理中提供的帮助。

作者

2022年4月

目 录

第一章 绪 论

中国历史上有许多民族和部落，它们经过数千年的变迁与融合形成了现在的56个民族。由于汉族在人口总数和分布区域上较其他民族占优势，所以除汉族外的其他民族被统称为少数民族。在各少数民族中，除了回族分布较分散，其他少数民族的分布均相对集中，主要分布在我国的西北、西南、东南、东北和内蒙古等地区。由于生存环境和历史文化的差异，各少数民族在建筑方面也表现出了鲜明的个性特征。

第一节　少数民族建筑的类型

从各少数民族的历史发展及其主要生活区域内的自然、人文特征等情况来看，本文将我国少数民族建筑布局分为以下六个区域。

一、东北地区少数民族建筑

本文所指的东北地区主要包括黑龙江、辽宁、吉林三省和内蒙古的东部地区。东北地区以满—通古斯语族的民族为主体，包括满族、锡伯族、鄂温克族、鄂伦春族、赫哲族、达斡尔族和朝鲜族七个少数民族。随着时代的发展，除满族和朝鲜族以外，其他几个民族由于生活方式类似，在建筑形式发展上也比较相似，因而归为一类进行阐述。

（一）满族建筑

满族的先祖肃慎人早期过的是巢居、穴居生活，夏则巢居，冬则穴居。巢居具体说就是在夏季选择繁茂的树林，砍去相邻树木的上部，形成离开地面的树桩，再在其上铺一层木头作为底板，然后在底板上搭成木屋，以木梯上下，可以防止野兽蛇蟒的侵袭。穴居一般是深挖地穴，其上筑以圆形屋顶。考古发现，穴居建筑面积较大，最大的有百平方米左右，用细砂黄泥涂抹后熔烧而成，坚固又防潮。有的居室四壁用岩石垒砌，隔冷隔潮，又可防坍塌。东北地区冬季漫长，先民们为抵御严寒，在居室中央建有灶膛。居室情况和经济基础等条件不同，建造灶膛数量不等。后来，地面上逐渐出现了框架式结构的“半穴”建筑，这是向地面建筑房屋发展上的一大进步。这种建筑出口处往往用石板或木板搭起一个屏障，有人认为这是满族居室中“影壁”的雏形。多个或多组半穴屋排列在有土堤围护的区域内的建筑形式，也被认为是满族先民最早的村寨。满族住宅的发展可以说是东北地区住宅发展中的一个重要组成部分，是辽金时期女真人的居室由洞穴向地面居室转变的关键。史料记载：“穿土为床，温火其下，而寝食起居其上。”这种居室开启了满族人真正意义上的定居生活，给以后的住宅建筑的发展打下了基础。而历史上满族人的私人住宅也和其氏族、部落紧密相连。早期的满族村屯常以家族聚居为主。氏族的居地，一般有作为氏族标记的鸟柱或兽头柱，也有的以绘有本氏族所崇奉的神兽灵禽的旌旗作为标记。随着满族文化与中原汉族文化的不断交融，特别是满人入关后，引入大量汉人工匠，满族建筑深受汉族建筑的影响，与汉族民居在形态上有许多相似之处，吸纳了汉族建筑的特点。这些特点是本民族的传统文化、特殊的自然环境与汉文化建筑礼制、建筑工艺融合和升华而成的。

满族人俗语“口袋房、万字炕，烟囱立在地面上”生动形象地概括了满族民居的布局特点。“口袋房”又称“斗室”，由满族先人的穴居造房方式演变而成。一般三间或五间，坐北朝南，三间一般在最东边一间的南侧开门，五间在明间或东次间开门，均开口于一端，门朝南，整体布局形似口袋，此种布局有助于冬季防风保暖。“万字炕”是满族卧室布局的另一个特点。为了让室内温度均衡舒适，他们将室内的南北和西侧三面筑火炕，平面呈“∏”字形布局。炕不仅是满族人晚上睡觉的地方，也是他们室内活动的主要场所。传统满族人家有男女老幼群居的习惯，因此有的房间在室内分间处的炕面上设有与炕垂直并与炕同宽的活动隔断 —— 篦子。因满族建筑以西为贵，卧房内沿西山墙的“顺山炕”是不允许坐人的，那里是专供摆放祭具之处。并且，西山墙上一般都挂设有供奉“渥萨库”的龛架。满族建筑中的烟囱多采用脱离房屋独立设置的形式，通过地上的水平烟囱与建筑相连，称为“跨海烟囱”，截面呈方形或圆形，多置于山墙侧面。这种烟囱源自对自然界中一种“空心倒木”的利用。古时满族人生活在山地，于是利用自然环境中的空心整木来做烟囱，迁居平原后，空心树难以觅得，就用草泥、土坯或砖模仿树的形状砌筑而成。值得注意的是，出于防火的考虑，满族房屋的烟囱并没有直接附在外墙上或与外墙成为一体，而是与房屋保持着相对的距离。

（二）朝鲜族建筑

朝鲜族作为跨境的少数民族，明代初期主要分布在我国东北地区东南部区域。到清代初期，居住在辽东一带的朝鲜族人多随清军进关，迁居至北京城及其附近。19 世纪中期，朝鲜北部连年遭灾，大批朝鲜民众涌入延边地区安家落户。这一时期迁入的朝鲜族人民生活不安定，他们居住在简陋的马架式草屋内或住在原始的半穴居式草房中，但随后朝鲜族逐渐开始定居生活。长期形成的生活方式和风俗习惯是不易改变的，因而迁入延边定居后的朝鲜族的建筑仍然沿用了与朝鲜国相似的建筑式样。因此，我国朝鲜族建筑的基本形态大致上可以分为两种：一种是延边的朝鲜式住宅，它是一种以朝鲜国咸境道式住宅为原型演变而成的建筑形式；另一种则是延边之外其他地区的朝鲜族建筑，它是一种以汉族式住宅为原型，结合朝鲜式建筑而形成的新建筑形式。由于迁入居住地的气候与曾经生活地的气候类似，居住在延边地区的朝鲜族的生活习惯与朝鲜国北部居民的生活习惯差别不大，建筑造型也就更多地保留了原来的一些特征。而居住在延边以外地区的朝鲜族多数为从朝鲜国南部迁入的，原来的朝鲜式建筑不能适应当地气候条件，加之与汉族杂居，所以住宅样式受到汉族的影响较大，有的采用半汉半朝鲜式建筑，有的甚至完全汉族化。

具体来说，朝鲜族建筑有着宽敞的院落、简洁的建筑造型和独特的室内布局。首先，朝鲜族建筑以单体建筑为主，厢房较少，没有形成合院，且布置自由灵活，房屋朝向较随意，多数沿道路布置，并在房屋前后皆留出一定范围的较大空地，而山墙两端空余较少。其次，传统朝鲜族建筑大多数是四坡草屋顶，也有瓦房用歇山顶。草房冬暖夏凉且造价低，用稻草覆盖的屋顶松软轻巧，但为防止大风吹袭，常用绳网将草房顶罩住，带有明显的地方特色。最后，朝鲜族建筑平面为横长矩形，个别有拐角房。主要房间为起居间，为日常起居之处，又作长辈、客人的卧室，房内有炕桌、衣柜，面积较大。为了方便脱鞋，起居间之外还设置廊板。

（三）其他少数民族建筑

鄂伦春族、鄂温克族、赫哲族都曾使用过圆锥形的“撮罗子”。“撮罗子”又名“仙人柱”“斜仁柱”“斜仁”，在鄂伦春语中为木杆之意，“柱”是屋子。撮罗子为圆形尖顶无墙的帐式棚子，一般是先用三根有杈的木杆立成三角形的架子，四周再用二三十根松木杆以攒尖方式支成棚架，冬天其上覆盖狍皮，夏天覆盖桦树皮。门开在日出的方向，内部席地而坐，地面铺松枝与兽皮，也有安置低矮的木架铺位的，顶部设通风排烟口，中央设置火塘上吊铁锅做饭，铁锅以铁链挂在带杈的架杆上，冬天在帐内做饭，夏日移在帐外。撮罗子顶部留有空隙，以通烟气和采光。帐外林间设有用几根松树杆支起的横架，存放粮肉、物品，平时无人看管，其他住户也可取用部分食物，充分体现了游猎民族的互助精神。1949 年后鄂伦春族下山定居，政府帮助他们建起了猎民新村，撮罗子基本换成了砖瓦结构的房屋。1958 年后，鄂温克族受生产生活方式转变的影响，并在政府的帮助下逐步定居下来，居住方式也从帐篷（撮罗子）转变成了土木结构的“木刻楞”房或砖瓦房。但是他们在进山狩猎时，依然会住在撮罗子中。对于以渔猎为生的赫哲族来说，撮罗子只是他们夏季在江河捕鱼时使用的临时住所。到了冬季，赫哲族人会住在“胡如布”“马架子”等固定住房中。建造胡如布时，挖地一尺左右，上面立柱脚，架檩椽、薄条，铺草，培上厚土即可，里面搭床或建火炕。马架子修建在平地上，南向开门，建有火炕和锅灶。到了现代，赫哲族的居住条件有了很大改善，砖瓦结构的房屋早已取代了简陋的传统房屋。

二、北方草原游牧民族建筑

北方草原游牧民族包括蒙古族、哈萨克族、乌孜别克族、柯尔克孜族、塔吉克族、塔塔尔族、土族和裕固族八个少数民族。这些民族以游猎、游牧为生活、生产方式，他们在建筑文化上显现出一种非定居性或半定居性的特点。特有的生活和生产方式，使这些民族在牧区的居住形态呈现出相似性。他们采用了有别于中原汉民族的建筑形式，而毡包可以说是其中最具特色的一种，它一直伴随草原民族发展的历史进程而逐步走向成熟。此外，西藏、青海等地的帐房也是北方草原游牧民族生活方式的直接产物。

（一）毡包

毡包在《史记》《汉书》等著作中被称为“穹庐”“毡帐”等，在蒙语里一般简称“格儿”，意为“房子”。只是因其是蒙古族传统民居的代表形式，人们习惯将此类形态的毡包称为“蒙古包”。毡包现在大致可以分成两种：一种为固定式，半农、半牧区常用固定式毡包，因为是固定建筑，其墙体主要由土石筑成，顶和墙边加上苇草搭盖，起到牢固、保暖的作用；另一种形式为游牧区的移动式毡包，此种毡包有可拆卸式和不可拆卸式两种。可拆卸式一般由活动构件拼装而成，便于搭建和搬迁，用牲畜驮运；不可拆卸式一般用牛车或马车拉运。毡包作为游牧生产活动中最方便的居住设施，受到许多民族的青睐，使用者除蒙古族牧民外，也广泛地分布于我国新疆一带游牧生活的民族地区。例如，长期从事游牧业生产活动的哈萨克族、维吾尔族、柯尔克孜族、塔吉克族等民族也有部分使用毡包。从制作过程及形态上看，各民族使用的毡包大体相似，因使用区域不同与民族差异的存在，其材料和装饰会有区别。例如，哈萨克族毡包的构造方法与蒙古族的毡包在细部处理上有所差别，包顶撑竿的下部呈弧形与壁体骨架柔和相接，壁体骨架在围壁毡之前，在内部衬围一层芨芨草帘，有的草帘编有各色图案，使内部呈现出装饰效果。再则，其顶部的顶圈也比蒙古族的轻巧。又如，柯尔克孜族的毡包比蒙古族、哈萨克族的略高，顶部呈尖状，具有宽大、凉爽、易排水、冬天不积雪等优点。值得注意的是，毡包围毡多为白色，忌用黑色或灰色，并常在顶部篷毡下垂处挂一圈补花长毡条，毡条下缘系有红色长缨作为装饰，使洁白的毡包更为美观。

（二）帐房

帐房也称“毡房”“毡帐”，是一种帐篷式的民居建筑，多应用在藏北、青海、新疆的牧区，以藏族使用最多。北方草原地区的甘肃裕固族、新疆哈萨克族也使用帐房，但在形式上有所不同，部分藏区的帐房棚布是用黑牦牛牛毛做成的黑毛毡，而新疆哈萨克族用的帐房棚布是白毛毡，毡上有蓝色图案装饰。一般来说，过着游牧生活的牧民从春季到秋季都住在帐篷里，只有在冬季，一部分牧民才会另外建简易的固定住所。除了满足日常居住需求，帐房还常常作为节日庆典、演出活动、婚礼等临时性的活动场所。在牧区，牧民一般认为一个帐篷是一个家庭的象征，新婚夫妇举行婚礼，意味着双方的家庭要为他们建一个帐篷，如同汉人分家的风俗。婚礼中新帐篷的搭建是一个重要仪式，在预先选好的地方，由喇嘛念经祈福，随着诵经仪式的推进，双方亲友按照仪式分别撑起阳帐和阴帐，并合二为一，这一顶新帐篷也预示着一个新家庭的诞生。帐房搭建选址时，通常会选在地势高、水草丰盛的地方。搭建的帐房有不同形式，大致可以分为以下三种：第一种为四坡顶，平面呈正方形或长方形，整体外形似传统四坡歇山式建筑；第二种为蚌壳型，平面布局为不规则椭圆形，因形状如蚌壳而得名；第三种为尖顶型，该类型帐篷搭建简便快捷，平面布局一般为正方形或长方形。以上帐篷的内部都比较简单，室内基本没有空间间隔，家人共居其中。

三、青藏高原少数民族建筑

青藏高原地区涉及藏族、门巴族和珞巴族等。其中，总人口数只有三四千人的珞巴族经济发展缓慢，民居建筑多就地取材建造，形式简单。门巴族深受藏族文化的影响，其建筑与藏族十分相似。因此，青藏高原地区少数民族建筑以藏族建筑为代表。

（一）藏族宫殿建筑

藏族宫殿建筑的一个明显特点是结合了城堡建筑、宫殿建筑和寺院建筑的功能。这一特点是区别于其他历代帝王宫殿的根本所在，下面以布达拉宫为例进行说明。

布达拉宫傍山而建，气势宏伟壮丽，具有寺庙和宫殿的双重性质。布达拉宫从半山腰起筑，最高处外观达 13 层，连山坡共高 117 米，长 360 余米。[1]它的主体由宫殿和雪城组成。宫殿又分为白宫和红宫，白宫为日常空间，宗教领袖在此工作和休息；红宫为供奉祭祀空间，历代达赖喇嘛的灵塔供奉于此，还有各类佛殿。雪城（宫前接建方城，藏语称“雪”）部分位于布达拉山南山麓，被东西南三面高大的城墙围绕，三面各设有宫门，南宫门为正门。雪城的东南、西南建有碉楼，形制非常完备。城内主要为服务性建筑和官员住宅，也有行政、司法管理部门和监狱、印经院等机构，还有仓库、马厩、骡院、水院等附属建筑。此外，还有一些贵族住宅、民居建筑、酒馆等。总之，布达拉宫的宫殿、寺庙和灵塔殿三位一体，整个建筑采用藏族传统的建筑形式和结构，有着鲜明的藏族建筑艺术特色，是藏族劳动人民的智慧结晶，体现了古代藏族人民在建筑、艺术、绘画等方面的伟大成就。

（二）藏传佛教建筑

藏传佛教建筑分布广泛，规模巨大，其艺术成就也不小。从结构和材料上看，藏传佛教建筑多为用土、石和木等修筑成的碉楼形式建筑，拥有平顶、密梁和厚实的墙，大昭寺就是典型的代表。其初期建成主殿为回字形，内外有两圈厚墙，还设有内向回廊，为碉楼式建筑。各楼面和平屋顶以一种名为“阿嘎土”的纯细黏土压实，讲究的还要在阿嘎土上渗油。由于藏区少雨，此种平顶已可满足防水需要。从风格上看，藏传佛教建筑可以分为藏式、藏汉混合式和汉式三类，但无论哪一种都保持着鲜明的藏式风格，且离西藏越近的藏族风格越强。寺庙形式以佛堂为主，四面设转经回廊，大经堂多采用屋顶开窗采光。总的来说，13 世纪以前的藏传佛教寺庙多延续以前的形式，而 13 ～ 17 世纪的藏传佛教寺庙则较多地表现了藏汉混合式的建筑风格。从装饰上看，现存藏传佛教建筑屋面常覆鎏金铜瓦，檐口和屋脊都与汉族建筑有一定区别，正脊中心必有一座小喇嘛塔，用以点缀形象，突出重点。建筑的色彩和装饰都服从于宗教精神，有很强的等级性，等级由高到低依次为红色、黄色和白色。还有一种特殊的墙面装饰方法，称“便玛”墙。便玛墙是尊贵和最高权力的象征，仅可用于宫殿和寺院札仓、佛殿

[1] 姚扣根，赵骥．中国艺术十六讲 [M]．上海：百家出版社，2009：264.

和宫殿，禁止用于僧房、民间。另外，藏传佛教建筑的窗饰和门饰也很有特色，沿外墙周围涂黑色梯形窗套，窗上挑出窗檐，檐下悬挂窗幔。建筑内部装饰繁细鲜丽，常使用对比度极强的原色（如大红、群青、石绿、黄色等）和金色统一起来，并绘有各种神秘而肃穆的佛教图案，宗教艺术感极强。

（三）藏族民居建筑

藏族主要居住在地域辽阔的青藏高原，长期与东面和东北面的汉族、羌族、蒙古族、彝族等民族交往共处，其民居建筑也受到了其他民族建筑的影响，形成了典型的牧区帐房、林区木楼和农区碉房三种形式。藏族帐房是一种结构简单的藏式毡房，与草原地区的造型相似。青藏高原地区的藏族木楼是一种常见的木板瓦顶房，在平面上保持着藏族传统生活习惯的风格，但在建筑形式上采用的构架方式、屋顶形式，甚至一些装饰纹样，与汉族、羌族、彝族等民族的民居十分相似。藏族碉房的主要特征是平顶房、白色墙、棕红檐和梯形框。这类民居是由土、石、木等材料混合构成，外形就如碉堡一般。在过去，贵族阶层的藏式碉房同贫民阶层的碉房形成了极大的反差，贵族碉房不同于一般碉房的地方，不仅在于规模和高度，还有较大的庭院。碉房虽有贫富和阶级的明显差别，但有一点却是相同的：藏民都习惯于在室内重要的地方留出一间神堂，其中设置神龛，用来焚香祷告。另外，碉房的屋顶往往也是焚香祷告的重要场所，通常屋顶上有许多印有祷文经语的经幡，有的还设有香炉。

四、西北地区少数民族建筑

西北地区也是我国少数民族聚居和杂居的主要区域，主要包括甘肃、宁夏、青海和新疆等地。这里生活有维吾尔族、回族、哈萨克族、保安族、土族、柯尔克孜族、东乡族、撒拉族等。其中，新疆部分牧业区的毡房与北方草原游牧民族的类似，因而此处不再赘述。本区域有许多民族信仰伊斯兰教，因而这里的民居具有明显的伊斯兰建筑风格。

五、西南地区少数民族建筑

我国西南地区有广义和狭义之分。广义的西南地区包括四川、重庆、云南、贵州、西藏、湖北西南部、湖南西部和广西部分地区。狭义的西南地区包括云南、四川和贵州等地区。本文将其定义为云南、四川、贵州、重庆东南部等区域。该区域是亚洲南部人类发源地之一，西南地区各民族在开发西南地区的过程中，创造了各自灿烂的文化。在云南新石器时代居住遗址中的地面木构建筑、圆形半穴居和干栏式的滨水村落说明了云南早期人类居住时就已经发展了多种建筑形式。另外，在云南地区出土了一批约从战国时期到西汉中期的滇文化青铜器，上刻绘有干栏建筑的形象。从这些历史资料都可以看出它们与现存云南某些少数民族建筑的关系。该地区是我国聚居少数民族最为丰富的区域，它们包括藏族、彝族、羌族、土家族、苗族、侗族、瑶族、傣族、壮族、哈尼族、白族、满族等少数民族。

由于民族众多，此区域的民族建筑受到各族文化影响，尤以汉族为最，呈现出多种多样的形态，如傣族竹楼和寺庙、白族民居、羌族碉楼、侗族鼓楼、苗族风雨桥、哈尼族蘑菇房以及彝族、景颇族的民居建筑等。例如，彝族主要居住在土墙平顶的“土掌房”中，而与汉族杂居地区的彝族又生活在“一颗印”的四合院中；景颇族则较早接受了百越族群常用的干栏式建筑，直到他们现在的住宅中，仍然保留了干栏的古老传统；白族和纳西族接受汉族文化最早，他们的住宅是与“一颗印”不同的合院形式，院落宽大、装修精美，在云南少数民族居住建筑中成就较为突出；而百濮族群的住屋类型主要是和百越族群相似的干栏建筑……

六、中东南地区少数民族建筑

中东南地区主要是指广东、广西、湖北、湖南、福建、浙江、江西、安徽等省区。本地区主要分布的少数民族有壮族、苗族、土家族、布依族、瑶族、侗族、水族、彝族等。大多数少数民族都有自己或大或小的聚居区，大分散、小集中是本地区少数民族建筑的总体特征。由于中东南地区的地势、气候及各族文化的差异性，本地区民族建筑形式各具特色。

具体而言，壮族、苗族、土家族、仡佬族建筑主要是木结构的楼房，是在古老的干栏式建筑的基础上改建而成的。吊脚楼是布依族地区常见的建筑形式，但生活在贵州安顺地区的布依族基于当地多山石的自然条件，利用天然资源修建了独具特色的石板屋顶民居。侗族分布的地区大多山水交融，侗寨多选在依山傍水的地方，以族姓结寨，侗族村寨中的公共建筑和公共场所如鼓楼、风雨桥、戏楼等颇具民族特色。瑶族是一个以山居为主的民族，房屋多建在山体陡坡地带，背

靠大山而立。黎族的村寨错落分布在海南岛的中部和中南部地区，历史上的黎族建筑多为“船形屋”，但现在由于生态环境的变化和外来文化的影响，这种居住形式已经基本不存在了。其他民族多与各民族杂居，其建筑没有明显的特征。

第二节　生态环境与少数民族建筑

通常，生态环境的差异对人类的生产生活方式具有重要的影响，特别是在生产力较低的时代，生态环境将对人类建筑的结构、布局、取材、造型起到决定性作用。因地制宜、就地取材是少数民族建筑的基本原则。各地不同的建筑形式和特征充分体现了各族人民的生态智慧和建造才能。

例如，生活在大小兴安岭及黑龙江流域的鄂伦春族、鄂温克族在历史上被称为“林木中的百姓”或“使用驯鹿的人”。[1]他们利用森林中的狍子、犴、鹿、野猪、熊、鸟儿等动物的皮毛和树木搭成窝棚——“斜仁柱”或“撮罗子”或“乌力楞”。这些窝棚的骨架是桦木或柳木，棚外用树皮（夏季）或兽皮（冬季）覆盖，具有明显的北方狩猎民族特色，如图 1-1 所示。在北方辽阔的草原地带，从内蒙古东部呼伦贝尔草原到新疆哈萨克草原，居住着众多住毡帐（图 1-2）的民族。大草原的丰盛水草是这些游牧民族赖以存在的主要条件，受气候、雨量、风雪的影响，一年四季牧草的生长不均，游牧民族只有逐水草而居，不断地选择牧场，畜群才能兴旺繁衍。特定的生态环境造就了特殊的生活方式，也造就了特殊的居住方式，因为流动性高，易于拆迁转移的毡帐成了他们最好的住所。他们的民居有冬、夏之分，游牧季节多住易于拆迁的毡房，冬季为保人畜平安过冬，则住木房或土砖房。比如，哈萨克族牧民春、夏、秋三季住毡房，冬季在冬牧场则住木屋，他们利用伊犁河流域丰富的树木造屋，用圆木垒砌成墙，墙外覆土抹泥，室内挂毡毯，以避风雪、保暖。可见，大草原的动植物资源为草原牧民的衣食住行提供了充分的保障。另外，西藏的藏族人民因所在环境的不同而形成了两种生活方式。西藏北部广阔的藏北高原在群山之中夹杂着许多水草丰盛的盆地，这些盆地在藏族人民辛勤的劳动下形成了天然牧场，因此当地

---

[1] 徐仁瑶，王晓莉．中国少数民族建筑 [M]．北京：中央民族大学出版社，1999：6.

百姓以牧业为主。藏北牧区有一种耐寒负重、体大毛长的牦牛（被称为“高原之舟”），牧民居住的毡房外部就是用其毛编织的。这种毡房适应游牧生活的需要，易于拆迁。牧民冬季住土木结构、外形类似帐篷的房子。而西藏南部有一大片地势平坦开阔、土壤肥沃、雨量适中的谷地，这里受到雅鲁藏布江及其支流的滋润，是西藏主要的农业区。在藏南农区，藏族民居以“碉楼”（图 1-3）为代表，为土、石、木混合结构的楼房，外观浑厚朴实，适宜于高寒地区。总之，水源、土地、地势都是少数民族村寨选择地址的主要因素，而且选址时必须以利于生产、方便生活为基本原则。

图 1-1　北方狩猎民族建筑

图 1-2　毡帐

图 1-3　藏南农区的“碉楼”

在水源充足的区域，先民们对其利用积累了丰富的经验、创造了灿烂文化，对今天的我们也有重要的启示。例如，新疆维吾尔族人民创建的“坎儿井”（图 1-4），利用暗渠、明渠和竖井组合的水渠，将高山积雪融化的雪水由地下引向地面，有的渠道长达十几公里，成功地解决了干旱地区的用水问题。在南方山区，少数民族的“竹筒分泉”将清洁的泉水引入村寨，就如清人闵叙在《粤述》中所说：“竹空其中，百十相接，架谷越涧，虽三四十里，皆可引流”，极大地方便了山区人民的生活用水和灌溉用水。

图 1-4　新疆维吾尔族的“坎儿井”

顺应自然、依山就势、就地取材地建造住所是我们先民的传统智慧。比如，云南大理以风大著称，由于横断山脉为南北走向，大理白族地区的建筑多选择傍山东麓的缓坡地带。此外，大理多西风，所以正房多数是朝东面的，这是民居建筑顺应自然条件的选择。我国南方多为重峦叠嶂、森林茂密、溪流纵横的山区或半山区，气候分别属温带、亚热带和热带，潮湿多雨，地貌多样。为适应山区的自然环境，这些地方的少数民族建筑多依山就势，灵活多变，村寨道路因地制宜，自由延伸，一切从方便生活出发，有很强的适应性。南方少数民族的干栏式民居以竹、木为结构，底层架空，以避潮湿，如图 1-5 所示。此外，少数民族多居住在山区，山多地少，为了解决居住和耕种在土地利用方面的矛盾，山区民居已经积累了丰富的建筑经验。“占天不占地”的干栏建筑是创造性成果，为了扩大空间的利用率和多样性，山区建筑充分利用上、中、下各层空间，另增建阁楼、冲天楼、跑马廊、挑台、檐廊、偏房等，并利用悬挑争取空间。这些方法不仅扩大了使用面积，还改变了建筑物简单的“一”字造型，使建筑造型更加丰富。在调整平面方面，山区民居建筑也有很多手法，比如分层筑台、在台地上建房、用长短不同的吊脚支撑楼房等。在山区民居建筑中，高低不同的吊脚楼（图 1-6）具有浓郁的民族风格，是山区民族智慧的结晶。此外，云贵高原一带地形错综复杂，西北高，地势向东南逐渐降低，有海拔两千多米的高寒山区，也有湿热多雨、终年如夏的河谷平坝。复杂的地形地貌和气候类型影响了这一带的民居建筑样式。从原始穴居、巢居、简陋的杈杈房，到父系大家族共居共耕共食的“大房子”，从傣家竹楼（图 1-7）到以木雕、泥塑、彩绘装饰的白族民居，都刻上了生态环境和经济发展水平的烙印。

图 1-5 南方少数民族的干栏式民居

图 1-6 吊脚楼

图 1-7 傣家竹楼

各区域少数民族建筑的特征体现了当地少数民族与自然和谐共生的生态智慧。从西北高原的黄土泥墙到南方热带丛林中轻盈通透的竹楼；从东北地区的“地窨子”到大西南的土掌房、土石建筑，我国少数民族充分利用大自然的资源建造了风格迥异的民族建筑。

第三节 民族文化与建筑特征

民族文化是在共同认可的文化价值观中逐渐累积而形成的，是本民族的灵魂，它包含了特殊的族群关系、社会结构、经济基础、生产水平等，并渗透到人们的家庭生活、礼仪、节日、公共活动等日常生活当中。这些文化内容同样清晰地反映在了各少数民族的建筑形态中。

少数民族特殊的社会结构和族群关系的发展与建筑形式的演变之间有密切联系。直到20世纪50年代，我国部分少数民族还不同程度地保留着原始公社制的残余，如云南的德昂族、拉祜族、基诺族以及东北的鄂伦春族、鄂温克族等。他们从事刀耕火种的山地农业或游猎，为共耕共食的原始共产制，在民居建筑中的表现就是“大房子”或者“乌力楞”（鄂伦春族同一父系大家庭聚居的建筑）。云南景洪悠乐山的基诺族村寨是典型代表，该类型村寨由“阿珠”或“内珠”为基础成员组成。阿珠或内珠是一种由血缘关系组成的氏族或家族，每个阿珠之下又以血缘关系为基础分别组成大小不一的“玛”，“玛”共同居住在一幢公共长房中。[1]这种长25米、宽15米[2]的大房子是用竹、木和茅草修建的干栏式长方形竹楼。此外，一些民族严格的等级、辈分观念也会体现在建筑上。例如，云南傣族的竹楼就会因身份等级和位份高低而有所区别。一般民居底层立柱为50根左右，召片领（如车里宣慰使）住宅则为120根左右。长辈居住的竹楼柱子不能低于2米，木梯在9级以上，而晚辈居住的竹楼高度和梯级都要低于长辈。[3]

少数民族建筑与其家庭婚姻也有密切联系。比如，壮族和傣族的家庭形态都是一夫一妻制的父系小家庭，几代同堂的很少，因此民居规模较小，但是它们在起居安排上又存在一定差异。壮族受汉族的影响较大，为确立男子的核心地位，民居建筑中采用“前堂后室”的布局。厅堂的神龛供奉着祖先的神牌，时常会在这里祭祀祖先。家中人员的居住安排以神龛为中轴线，男居左，女居右（左为尊，右为卑）。傣族受汉族的影响较小，民居内部布局没有严格的对称要求。傣族人民信仰佛教，并有万物有灵的原始崇拜。他们不以祖先神龛为尊，而是以火塘为神灵加以崇拜。同时，傣族也有中柱崇拜的风俗。傣族人民家中通常有8根中柱，称为男柱和女柱，并且穿着不同性别的服饰。在他们心中，这些中柱是天与地、人与神交往的通道。有一些民族允许未婚青年男女自由交往，所以他们有专供聚会的“公房”。一些民族聚会议事、休闲娱乐、迎宾待客都有专门的场所，如侗族的鼓楼（图1-8）。它造型优美、结构独特，上面饰有彩绘和雕刻的纹样。一般在侗族村寨中，一个姓氏建一座鼓楼。通婚范

[1] 李晓斌．西南边疆民族研究［M］．昆明：云南大学出版社，2007：193.

[2] 王晓莉．中国少数民族建筑［M］．北京：五洲传播出版社，2007：13.

[3] 同上。

围以鼓楼为界，同一鼓楼的各户之间禁止通婚。

图 1-8　侗族的鼓楼

一些陵墓建筑反映了少数民族的丧葬文化，除了丧葬礼仪等活动内容，墓葬建筑从平面布局到造型和装饰特征，都不可避免地带有民族印记。带有穹顶的伊斯兰陵墓建筑、藏族中的灵塔等都是少数民族独特文化价值观的直接反映。

有人说“人是符号的动物”。除了语言、文字，少数民族传统文化中存在着大量的非语言文字的象征符号，承载着各种文化意义。在服饰方面，纳西族妇女的披肩缀有刺绣精美的七星，肩两旁缀以日、月形，象征披星戴月，表示勤劳之意；在习俗方面，彝族饮血酒，是表示双方盟誓永不反悔。各民族的建筑物也同样是重要的文化象征符号，如傣族和藏族的佛寺、回族的清真寺、侗族的鼓楼等都是宗教信仰崇拜之物，是民族的象征物。就如人们看到布达拉宫就会联系到西藏、拉萨、藏族、藏传佛教，看到成吉思汗陵与穹庐造型的建筑就会想到蒙古族、草原和特定的历史片段，看到鼓楼和风雨桥会想到侗族，看到竹楼会想到西双版纳和傣族，看到清真寺建筑自然要联系到回族和新疆维吾尔族……其内在原因是，这些建筑并不仅是一个物理对象，更是一个由外在形象、形制、色彩和装饰等符号组成的意义世界。当面对一个民族的建筑时，人们很自然地就会将其与这些民族的历史发展轨迹和文化演进联系在一起，这是人们对该民族传统文化记忆符号化的过程。

第二章

古朴雄浑的川西藏族建筑

川西藏族建筑是独特的川西藏族自然文化孕育下的产物。它主要包括民居、高碉与城镇建筑几种形式，这些建筑能带给人们别开生面的感受。此外，在藏族建筑中，民众也能观赏到一些特别的装饰元素，如主室火塘、经堂、墙面装饰等。总之，川西藏族建筑流露出较为鲜明的民族特色，具有较大的文化艺术价值。本章即对古朴雄浑的川西藏族建筑展开详尽、全面的论述。

第一节　川西藏族建筑形成的自然文化环境

一、自然环境

（一）地貌与气候

川西藏族地区地处四川盆地西侧隆起部分，与青藏高原连接，处于高原向盆地的过渡地带，总体呈西北高、东南低的趋势。由西至东第次降低，依次为贡嘎山（海拔 7556 米）；邛崃山山脉主峰四姑娘山（海拔 6250 米），平均海拔 4000 ～ 5000 米；龙门山山脉主峰九顶山（海拔 4969 米）；岷山山脉主峰雪宝顶（海拔 5588 米），平均海拔 4000 ～ 4200 米。该区域因为海拔高，雪山和冰川众多，造就了我国多条河流起源和流经此区域，比较知名的河流有金沙江、雅砻江、岷江、沱江、大渡河等河流。总的来看，岷江、大渡河、雅砻江受山脉走向控制，呈南北向，冲击形成高山峡谷地貌，谷狭坡陡。

因为地势高亢、空气稀薄，呈太阳辐射强、气温低的特征。高山年均气温在 4 ℃以下，并有大范围 0 ℃以下低温区。因为昼夜辐射的平均值加大，所以气温的年差不大，日差温度较大。由于受西南季风和西风环流交替影响，高原气候具有冬干夏雨的气候特点，夏季降雨量高（年降雨量在 600 ～ 800 毫米，占全年雨量的 80% 以上），时有暴雨和冰雹天气；秋冬季降雨量较少，天气以晴朗多风为主，紫外线强，空气十分干燥，冬季寒冷而漫长。

川西藏族地区土地广袤、地势的海拔较高，自然环境十分多样，跨寒、温、亚热三带，呈现“一山分四季，十里不同天”的景观。一方面，地势西北高、东南低，西北向东南倾斜，温度和降水由东南向西北递减；另一方面，这一区域由于处于青藏高原东南缘和横断山系，山脉的走向有区别，山体的大小也明显不同，河流的流动方向与切割程度迥异，不同区域之间与局部地区之间的环境也表现出显著的不同，这对自然资源的分布与生产布局形成明显的影响。川西藏族地区的自然环境呈现出下列鲜明的特点：甘孜、阿坝大部分地区海拔 3000 米以上的高原，光照充足，温度适宜，各种农业资源的分布上限高，土地农业可利用的地域更加广阔，土地的自然生产力与产品品质较高，单位面积的蓄积量较高，光能提供的自然生产力具有很大的发展潜能。

（二）自然资源

川西藏族地区具有非常丰富的自然资源，繁茂的森林、清冷的冰川、晶莹的雪山与广袤的草原等组成了壮丽美妙的风景。在这片神奇而辽阔的土地上，有被联合国列入“世界自然遗产”的“童话世界”九寨沟、“人间瑶池”黄龙等世界级著名自然风景区，有国家级重点风景名胜、世界上海拔最低的冰川公园泸定海螺沟，有“蜀山之王”贡嘎山、“蜀山之后”四姑娘山，有中国最大的红叶区——理县米亚罗自然风景区，还有世界上第一个大熊猫研究中心——汶川卧龙自然保护区、泸定铁索桥、康定跑马山、木格措、最后的香格里拉稻城亚丁、红军长征走过的雪山草地。川西藏族地区的水能、草场、森林、矿产、生物等资源也较为多样，在四川省乃至全国都显得十分突出。

1. 水能

川西藏族地区地处长江、黄河源头区，地形沟壑纵横，水资源多样、平稳，河流多样，落差显著，较大的支流有 570 条，水资源十分丰富。水资源总量约 1900 亿立方米，占四川水资源总量的三分之一以上。水能蕴藏量约 6158 万千瓦，排在西藏和云南之后，位于全国第三位。川西藏族地区的水能资源的可开发性通常体现出山狭谷深、流量大而稳定、落差大而集中、淹没损失小、投资省、经济效益高等特征，表现出十分显著的开发潜力。

2. 草场

川西藏族地区是我国五大牧区之一，仅次于新疆、西藏、内蒙古和青海，草原面积 1333 万公顷，其中可利用草场面积 1200 万公顷，占草地面积的 90%，属于四川关键的牧业基地。草地的主要饲用植物有 200 多种，其中以禾本科、沙草科为主的上等草 40 多种，占 22%。牛羊马等草饲牲畜与畜产品在全省乃至全国都占据着十分突出的位置，属于四川省内牛羊肉的供应场所。

3. 森林

川西北林区属于我国三大林区之一，是我国第二大天然林区——西南林区的主体部分，是我国重要木材产地，拥有森林面积 3367 万公顷，占全川森林面积的 28.9%。木材蓄积量达 85 973 万平方米，占四川木材蓄积量的 58%。其中

有经济林地4000多公顷，主要有苹果、梨、核桃、花椒、茶、生漆等。

二、社会历史

川西藏族地区的考古表明，早在万年前的旧石器时代晚期，该地区便有人类在该处生息活动，创造了绚烂的古代文明，并且和祖国中原与西北的古文化形成了紧密的联系与沟通。

川西藏族地区考古发现了旧石器时代、新石器时代多处遗存。其中旧石器时代晚期的甘孜鲜水河谷炉霍卡娘沟遗址发现了许多人类打磨加工的骨片、骨球以及石器工具。新石器时代的甘孜丹巴中路罕额依村遗址（距今约10000～4000年）发掘了大量的红陶、灰陶、黑陶等，这些陶器品有了较高的烧制技术；另外还发掘出骨针、骨锥、骨矛等；石器有细石、打制石器和磨制石器；特别重要的是，在考古现场还发现了大量石砌的房屋遗址，这对研究川藏地区早期先民的居住情况具有十分重要的意义。

在阿坝岷江上游与杂谷脑河的沿岸，先后发现了多处新石器时代文化遗存，以理县建山寨遗址为代表（距今约4000年），有磨制石斧、石手斧、石锛和石凿。另外，在汶川威州后山还发现完整的彩陶容器和泥制红陶等几种手制陶片出土的彩陶，多属西北马家窑文化类型。这一系列发现印证了横断山脉诸河谷是西北通向西南的文化通道。

近年来，在甘孜雅砻江上游地区发现一批周代至秦汉的石棺葬，随葬品铜戈、剑、矛等武器具有中原商周兵器的风格。在阿坝岷江上游发现的早期石棺葬，其中出土的铜器也涵盖了中原文化元素。

三、人文环境

（一）歌舞

藏族人民在歌舞表演上极具造诣，大众皆知。民众称赞藏族人民“既擅长唱歌，也擅长跳舞”。四川藏族的歌舞更是精彩生动，彰显鲜明的特色。

1.锅庄

藏语称“锅庄”为“卓”，锅庄豪气欢快，舞姿生动，属于藏族民众十分热爱的娱乐性歌舞，在各地形成了迥异的称谓。主要又分农区的嘉绒锅庄“达尔嘎”和牧区的草地锅庄“俄卓”。民间的卓舞活动一般在节假日举行，于春秋两季举行得最多。在川西藏区地区，代表性十分突出的锅庄包括新龙锅庄、德格麦宿锅庄、石渠真达锅庄等。

2.弦子

弦子在藏语里被称作“谐”，拥有容易学会、习得的群众性，属于康区、藏区的藏族近现代以来最为欣赏和推崇的一种舞蹈形式。弦子主要是男女围圈共舞，姿态优美柔和，彩袖轻拂似细风托云，动作轻盈婉转，平衡娴静，古朴端庄。在川西藏族地区，主要有巴塘弦子和格达弦子两种，其中巴塘弦子最为著名。1999年，文化部命名巴塘为“中国弦子的故乡”。代表性音乐有“玛雅曲通”“阿姐布莫”“日翁独祖”“崩拉麦朵冲”等。

3.寺庙舞

寺庙舞的藏语叫“羌姆”，它是宗教意识与民间舞蹈相结合的产物，源于藏族早期苯波教的祭祀舞蹈。舞蹈活动时间和次数根据各寺庙的具体情况而定。活动地点均在寺庙内，多数在大殿前的广场上，有的大寺庙有专门的固定场所。整个舞蹈活动具有十分重要的宗教色彩。

（二）藏画

在川西藏族地区，最具特色的是藏区三大画派中的“噶玛噶则”画派，形成于公元15世纪。藏画主要形式分为四种：唐卡、壁画、版画、装饰画。

1.唐卡

唐卡是藏族绘画的重要代表，是我国传统绘画中的重要文化遗产之一，在世界绘画史中具有独特价值。绘画材料主要为布或绢和多种矿物颜料，绘画主题主要以宗教题材为主。川西藏族地区以堆乡唐卡、布画唐卡、贴花唐卡见长，代表作有《师徒三尊》《和气四瑞》《六长寿》《十二宏化》《莲华生》《喀巴》等，其色彩饱和，线条流畅，工艺精细。

2.壁画

壁画多数绘制在藏传佛教寺庙的大殿或其他墙壁上，大部分的内容皆为宗教，这些壁画呈现出的内容多样，具有鲜明的故事感，姿态万千、生动逼真、色泽明艳，带给人一种愉悦的感受，同时也可以有效地装饰寺庙建筑。

3.版画

版画先在木板上刻成图像版，再用墨印于细布、薄绢或纸上。其呈现出的鲜明特征为笔力细腻、刀法富有力度，色彩质朴典雅、富有层次感。

（三）雕塑

藏族雕塑以宗教题材为主，按照雕塑材料和功能可以分为泥塑、木雕、石刻、酥油花和面具。

1.泥塑

泥塑是藏族雕塑的主要形式之一，它的主要题材为寺庙供奉的佛像，尺寸大小多样，从几厘米到几十米不等，雕塑手法娴熟、造型精巧，佛像神态逼真。

2.木雕与石刻

木刻具有易于雕刻的特征，在建筑构造物和小佛像、陈设物中有大量的木雕艺术品，另外藏经印刷模具也是木雕的重要形式之一。石刻的内容大概能够划分成四种不同的类型：一是“六字真言”，各种咒语、佛经；二是佛、菩萨、神的雕像；三是各种供器、法器和装饰图案；四是各种动物形象。

其中嘛呢石雕非常常见，甘孜藏族自治州石渠现存巴格嘛呢石经墙，长400米，高2.5～3米，宽5～6米，可称为世界之最。

3.酥油花

顾名思义，酥油花是由酥油作为原料制作的作品，是供奉于藏族寺庙内的特有的雕塑艺术品，它有两种重要作用，一是供奉祖先或神明，二是让广大群众进行观览。塑造的题材包括人物、故事、树木花草、飞禽走兽、建筑等。

4.面具艺术

藏族面具和原始苯波教仪式里的拟兽图腾舞具备一定的关联。公元8世纪桑耶寺建成后，面具这一元素融入了寺庙乐舞里，转变为其不可或缺的道具。14、15世纪，汤东杰布创建“阿吉拉姆”后，面具又成为藏戏里不可缺少的部分。藏族面具大体分为宗教面具和藏戏面具，宗教面具主要有佛、神面具和各种动物面具、妖魔鬼怪面具等；藏戏面具主要有中的温巴面具和其他角色面具。

第二节　川西藏族传统聚落的选址

四川藏族地区的西北部为高原山地和丘陵地貌，海拔相对较高，地势相对平缓，属于草原牧区，包括川西北大草原、红原草原和石渠草原等。其中，川西北大草原包括阿坝、若尔盖、红原等地，是我国五大牧区之一。广大牧民们平时都过着自由的游牧生活，夏季与秋季则居住于能够移动的帐篷里，冬季居住在可以避寒的土房里。大部分的冬居房屋都选在依山、向阳、避风、水源充足的地带，就地取材建造单层小屋定居，由几十户到百多户形成聚落。高山峡谷区是以农业为主的地区，由于峡谷幽深、山峦险峻、海拔变化很大，气候、植被随海拔变化呈垂直分布，生产生活方式、选址布局与地貌密切相关。藏族村寨多建于山腰台地与河谷平原边缘地段的向阳南坡，房屋修建以少占耕地、避风向阳为原则。河谷、平坝地区建房比较自由，在坡地上藏房多垂直于等高线分级筑室，分散布置，分层出入，不具备确切的巷道。

聚落的选址应当保证民众定居的需要得到充分的满足，存在着十分充足的水源、用地与适宜的环境。基于地貌环境，聚落主要分布在河谷地带、半山地带、山原坝地。

一、河谷地带的聚落

在四川藏族地区，河谷地带的聚落十分多样。几户或几十户人家对临近河滩的冲积带进行垦荒，堆积石头修建成阶梯的形状，房屋大都修建于背对山脉符合河流走势的略高几级的台地上。聚落的规模与密度由于河谷坡度和宽度的差异而呈现出迥异的大小，平缓地带也能够形成密度较高的聚居区，发展成为城镇，如大渡河上游的支流地区，沟深坡陡的河谷地带聚落小而且分散，成组相聚的村寨选择河流两侧坡地随河岸线分布，或者建在具有大量山泉的山坡上，被河流勾连起的藏寨富有一定规律性地分布于山间河畔。

二、半山地带的聚落

半山地带的聚落主要是指建在山腰的聚落，聚落选址一般选在向阳、背风、自然生态良好的缓坡地区或台地地带。人们开垦山腰凹处冲刷扇地貌中部的台地耕种，房屋靠周边陡坡建造；或就近利用小山脊集中建屋，四周分台筑成梯田。多数聚落布局具有较强的内向性，并有一定的防御性，碉楼、民居和田地穿插布局，因为地势落差和变化，呈现出丰富的视觉效果。例如，丹巴井备村位于东谷河岸的半高山上，坡陡地较少，碉房紧密地汇聚于一处，处在山腰的凹处，四周开垦出层层梯田栽种玉米。而马尔康松岗官寨碉聚落，碉楼官寨居于一小山坡顶部，户户相连的民居聚集于半山，顺山脊高低起伏呈带状延伸。

三、山原坝地的聚落

相对而言，山原坝地较为开敞辽阔，四周大都有河流流淌而过，灌溉十分便捷。人们适当地开垦肥沃、丰美的良田，成组聚居，林农兼作。优美的环境与充分的耕地让其能够较为轻易地形成聚居规模宏大的村落，并演变为区域中心。

第三节　川西藏族建筑的元素与装饰

川西藏族地区的表现形式、艺术风格与装饰色彩都表现出十分鲜明的民族性与地域性特点，而且其丰富、多样在藏区较为罕见。整齐洁净的形体、鲜明的主室锅庄和典雅的经堂空间转变为藏式建筑代表性的标志。

藏族建筑具有十分明艳的色彩，这和自然环境、传统文化艺术等具有紧密的联系。高寒、雨水稀少的地区，紫外线十分强烈，建筑色系大都采用从当地自然矿物质提取而出的暖色，主要有白、红、黑、黄四色。其中白、红二色在建筑立面中占有面积最大，与自然的天空和树木颜色形成十分鲜明的色彩效果。蓝、绿等色主要与其他色彩搭配构成装饰图案，与主要的白、红色彩互补，成为辅助色彩。色彩的应用除了源于自然的启发和限制外，还与藏族的传统文化相关，日常生活中的色彩文化与原始苯波教的习俗和佛教文化相互杂糅，最终形成了藏族色彩的特殊文化寓意和象征。黑色代表威严，红色代表庄严和权利，所以可以看到许多民居建筑外墙上涂抹黑色，作驱邪之用；而护法神殿和灵塔殿等宗教建筑的墙面多为红色，以红色为尊，具有护法之意；白色是吉祥的象征，代表着温和善良，墙面刷饰白色图案，白色神垒立于建筑屋顶是藏区建筑普遍的做法；黄色代表佛祖，有高贵、受人尊敬的意思，是佛教传入后开始使用的色彩，一些寺庙中重要的殿堂、修行室有涂刷黄色的习俗。相对于普通民居，四川藏族地区的寺院建筑显得尤为艳丽。

一、川西藏族建筑的元素

（一）丰富的形体

封闭坚实、布局错落有致的平顶碉房是川西藏族地区传统建筑的代表。它的平面十分方正整齐，墙体丰厚敦实，外表简洁大方，具有鲜明的雕塑艺术性。建筑朝竖向进行组织和发展，为了结构牢固和保暖，建筑下部主要为实体墙面，很少设置窗洞，上层为了建筑方便和生活舒适度，主要采用木质墙体、挑廊穿插其中，建筑整体造型由下而上渐渐地缩减成梯形状，由实变虚、从重到轻，给人视觉稳定、牢固的感觉。从建筑单体和聚落整体布局看，碉房的层层退台高低错落，木墙、廊架的交错出挑与碉楼和整体建筑布局形成虚实对比的关系，空间层次和视觉层次十分丰富。石砌碉房和夯土碉房墙体下厚上薄，在一定程度上增强了建筑形体耸立的气势。不同种类的藏房在迥异的地区，其表现风格与装饰细部的不同都拥有较为多样的文化内涵。

（二）主室火塘

主室在家庭中占据着中心地位，中心的火塘通过青石条堆砌为一个方形，上面立着三块架锅使用的牛角状石，便是通常所说的锅庄石，一些地区将这个屋子称作“锅庄”。家人做饭、烧茶、吃饭、待客与传统的锅庄舞活动都在这里，旧时还是长辈们的休息处。因为藏民多居住于高山寒冷区域，火塘作为实际生活功能空间逐渐升华为了藏民们的精神空间，慢慢成了家的象征和精神中心，被赋予了神圣功能，是天、地、人的重要的链接空间，也是人神交流的载体。火塘边的石条和锅庄石是绝对不能用脚踩踏的，人也不能从锅庄上跨越而过。现在的主室

起着客厅的作用，柜、桌、床、器具等成为主室装饰的重点，仅次于经堂，是住宅主人财富的象征。火塘这一文化现象在西部许多山区少数民族的信仰中较为常见，其中有许多相似性和共同性，应该和居住的自然环境和文化交流融合相关。

（三）经堂

宗教文化对四川藏族建筑的影响不仅表现在建筑的类型聚落的布局上，在民居的功能空间、建筑内部的装饰上也都有体现。经堂是信仰藏传佛教的藏族人民的重要活动区域，是住宅不可缺少的组成部分，通常处在建筑的最上方，含义为靠近神灵之处，通常要避免十分随便地进出。经堂内一般靠窗边吊着绘有盘龙飞天等图案的大鼓，正面墙上画有壁画或挂着唐卡，佛龛（柜）正中供奉佛像，前面摆放铜制的“敬水碗”和酥油灯，两侧木架上放经书和宗教法器等。各家也会基于自身的经济状况展开布置，摆放器具具有数量上的差异。经济条件较好的藏民家，经堂内壁装饰着彩画，色彩主要为黄、红、绿三种，藏柜雕刻的主要是象征着吉祥与平安的佛教图案，色彩较为艳丽，对比强烈，室内氛围显得庄严华丽。面对神像和供奉品的地上摆放着卡垫，便于念经、祈祷、做法事等佛事活动。经堂旁有一间临时卧室，作为夏季卧室或客房，喇叭念经的时候在这个地方居住。

二、川西藏族建筑的装饰

（一）墙面装饰

因地理气候和取材因素的影响，四川藏族传统建筑形式主要有石结构、夯土结构、木结构和多种结合结构建筑，因此，建筑的墙面材质主要为土、石、木，保持有材料的原始肌理和色彩，彰显粗犷、质朴、原始的装饰风格。与此同时，墙面的色彩图案也传达出较为深厚的传统风俗与宗教文化。

在原始的苯波教和藏传佛教的影响下，寺院重要殿堂建筑墙面常刷饰红色或黄色，萨迦派则以竖向的红、白、灰三色条纹装饰。大型寺院主要佛殿常常以边玛墙作为檐部处理，普通的寺院殿堂也有把女儿墙刷成红色或者黑色的，从而彰显出其显赫的地位。

民居建筑常以红、黑、白色图案进行装饰，成为建筑外立面的点睛之笔。道孚、炉霍、德格一带的“崩空”房，将红色的木楞墙面当作基调，白色的挑檐椽头在其中予以点缀，生动精简。石质外墙民居的基调显得深沉和稳重，色彩以白色为主，图案主要有表达对自然神的敬佩崇敬的日月、山峰、云彩等图案，也有表达祈福和吉祥之意的宝瓶、法螺、吉祥结等图案。装饰图案的色彩与墙面色彩形成鲜明对比，简洁明快，增添活跃的气氛，契合吉祥、神圣主题。比如，丹巴民居石墙上泼出的大片弧形、圆形、三角形的白色图案寓意着星辰与山川，这源于对自然物的崇敬。而碉楼的宗教功能更强，所以受到传统苯波教“神、人、鬼”三个世界的宇宙观影响较大，顶层檐口墙面一般绘制黑色、红色、白色的装饰色带，黑色象征对“地下神”的崇拜，红色象征对“地上神”的崇拜，白色象征对“天上神”的崇拜。

甘孜一带的夯土墙民居，由屋顶到墙脚通常都刷上了较多的白色条纹，依据当地老人的言论，这是先民们祈祷丰收的标识。乡城在每年的“传召法会”前一月左右，便会使用白土对外墙重新翻新，这是一场重要的文化活动，它预示每刷一次相当于诵一千遍平安经和点一千盏灯，刷好的房屋称“白藏房”。巴塘民居也有类似的活动，但他们不会对其外墙予以粉饰，以夯土原色与自然保持一致，人称“红藏房”。

（二）屋顶装饰

在四川藏族的建筑中，平顶碉房是最常见的，其造型源于原始崇拜里的山神崇拜，人们觉得所有的山峰都存在着神灵，掌控着风雨雷电、生物的兴衰繁衍、人的生死安危，对于山神的拜祭以一种特殊的形式融入人们的日常生活中。除了建筑的选址布局外，屋顶的装饰也体现着藏民的宇宙观和文化信仰。建筑成了藏民信仰的载体和表征，屋顶是建筑与天和神最近的位置，这便成了信仰象征最为重要的位置。平屋碉房屋顶四角被塑造成“牛角”装状，给人向上的动势，牛角的角顶放置着白石，与刷成白色的墙形成一体，象征圣洁和四方神祇。四方女儿墙四个角升高并刷白，牛角作为象征被崇尚。屋顶四角石板向下系挂各色风马旗，通过经幡在风中的飘动可以替主人积攒念经的功德。

川藏地区除了平面顶的民居外，还分布有部分坡屋顶民居，屋顶材料和形式多样。屋顶的材料选择主要受取材的便捷、生产技术和文化交流的影响，如大渡河流域的鱼通一带受文化交流影响较多，屋顶材料主要以小青瓦为主；康定塔公一带、马尔康地区多产片石，所以屋顶用石板覆顶较为常见；而力丘河下游一带的松潘地区森林丰富，屋顶多以木板为瓦顶。迥异材质的墙面、错落有致的人字形坡顶以及飞舞的五彩经幡，形成鲜明的比较与韵律，使建筑形象变得更为多元

化。另外，寺院里的大殿建筑屋顶很多都使用的汉藏混合的形式，平屋顶上升起金色的歇山顶小屋，并装饰着宗教色彩的装饰物。

（三）门窗装饰

门窗装饰通常使用绘画与雕刻的形式传达着原始崇拜与信仰。门的装饰汇聚于门框和门楣等处，可以划分成原色和着色（主要为红色）两种类型。碉房大门的门楣两侧安装着一对龙头形的“切生”，它源自苯波教水神形象，起到门神的作用。门楣与檐下时常装饰着鹏鸟或者具有宗教色彩的吉祥图案彩绘。

藏族民居开窗分为土、石外墙开窗和木质墙面上开窗两种形式，土石墙面开窗较小，木墙面开窗相对较大。土石墙面的外窗口嵌以井字结构窗框，四周绘白色或黑色梯形窗套，窗楣以木椽层层出挑形成小檐，缩减夏日阳光的直射，窗框内侧也有用彩色图案进行装饰，是传统图腾崇拜的延续。藏族民居木墙开窗较少，但相对土石墙面窗户装饰更为灵活和丰富。窗户以方格、板窗为主，装饰采用红、蓝、绿、黄等色彩描绘。窗楣分级出挑短椽，并刷有黑、红、白等颜色，再加以装饰图案，最终形成层次、色彩丰富的装饰效果。外侧窗框雕刻堆经和莲花等宗教题材图案。[1]

第四节　川西藏族的民居建筑

一、牧区民居

（一）牦牛帐篷

川西藏族地区是我国西部的五大牧区之一。阿坝藏族羌族自治州的红原、阿坝、若尔盖、壤塘等县，甘孜藏族自治州的石渠、色达、理塘、白玉、德格等县是川西藏族地区的主要牧区，此外，其他县区也还有部分牧区和半农半牧区。自古以来，居住在这里的牧民就过着“联毳帐以居，逐水草而徙”的游牧生活。独

---

[1] 中华人民共和国住房和城乡建设部．中国传统建筑解析与传承．四川卷［M］．北京：中国建筑工业出版社，2015：90.

特的自然环境和生产生活方式让牦牛帐篷逐渐演变为藏区牧民的居住形式。

大部分牦牛帐篷（图 2-1）的形式主要分为三种，一是斜坡顶的四方形帐篷；二是椭圆形或弧形围合的蚌壳形帐篷；三是圆形的尖顶式帐篷。因为材质为牛毛，所以色彩以黑色为主，但也存在着少许的黑白花帐篷。

图 2-1　牦牛帐篷

在搭建帐篷的时候，为了避免风雪等进入其中，一是可以选取相对背风、朝向太阳的场所；二是地势应当避免过于平坦，应当存在着一定程度上的坡度便于排水。在完成帐篷的搭建以后，一定要由地势较高的方向朝着左右侧挖出一条小排水沟，并在帐篷内壁四周用草饼或石块砌一道高 30 ～ 40 厘米的围台。帐篷顶上都开设着一个天窗，天窗上存在着一块活动帘盖，如果没有遇到雨雪天气，人们早上起来便启动，用于采光与通风，在夜晚和雨雪天将其关闭。帐篷的开门一般选择在背风方向，一般采用门帘分隔室内外空间，门帘分为左右抄合帐和左右两片门帘独立帐两种，进出时撩起即可。灶台一般搭设在帐篷正中的两根支撑杆之间。灶台的上方作为供奉神灵之处，放置佛像和供品；灶台的左方为男人居住，右方为女人居住和堆放杂物。一顶顶散落在草原上的牦牛帐篷，就是草原牧民的家园。每到春暖花开的季节，牧民们又会对帐篷进行拆卸，骑上骏马，赶着牛群与羊群，背着帐篷，迈向草原的深处。等待寒冷的季节来临，又回到往日越冬的地方。牦牛帐篷曾让草原获得了蓬勃的活力，也因此流传了很多生动的传说。但是，作为牦牛背上的民族，在追寻生活的过程里，也承受着大量的艰难险阻。

随着国家对西部发展的重视，特别是对民族同胞生活条件的关心，藏族同胞的居住方式也有了巨大的改善和发展。20 世纪 90 年代以来，以“人、草、畜三配套”建设工程为重点的牧区建设进入了高潮，国家投入了较为充裕的资金，修建“网围栏”草场，构建起了牧民新居，搭建帐篷居住已经转变为过去的历史。老少不必再赶着牛群四处奔波。川西藏族的大部分牧民都可以欣然地居住于固定的新居里。由此，草原四处都存在着牧民新居，膛内在熊熊燃烧的钢炉、擦拭得十分明亮的铜锅、泛着热烟的茶壶取代“三块石头支锅”。靠墙之处，一些人家都安置了壁橱与壁柜。通电的地方，买了电视机的人家总会把它放在壁柜最显眼处。

（二）休闲帐篷

休闲帐篷（图 2-2）属于川西藏族地区活动建筑的另外一种表现形式，它的结构、搭设形式和牦牛帐篷十分相似，然而和牦牛帐篷的材料、作用与功能存在着一定的区别。一是休闲帐篷的围护材料是棉织或化纤布料；二是基色多为白色，这是川西藏族所喜爱和崇尚的颜色之一；三是它不属于居住性建筑，而是一种专门用作休闲的建筑；四是其使用范围不局限于牧区，农民、城市居民、寺庙僧侣等都可使用。中华人民共和国成立以前，休闲帐篷的拥有者十分有限，多为土司、头人、寺庙上层僧侣以及一些富裕家庭。20 世纪 80 年代以来，随着改革开放的不断深入，民众的生活品质不断地提升，寻常家庭里拥有这一休闲帐篷，以供在高原百花盛开的盛夏季节外出耍坝子（郊游）和传统盛大节日活动中使用。

图 2-2　休闲帐篷

休闲帐篷的规模与款式因需求的不同而多种多样，大小也有所不同。根据主人的需求，帐篷容量从三五人到百人不等。休闲帐篷对其装饰十分关注，普通型的帐篷在交角和裙部绘制或缝制蓝色或黑色边子，然后在帐面上绘制或缝制蓝札、云纹等图案，仿藏式固定建筑绘制檐饰和窗饰等。豪华型的帐篷做工甚为精美，帐顶和帐幕均为双层，帐面的彩绘或剪裁镶嵌的图案十分精致豪华，惯用的图案有八吉祥、忍冬、祥云、蓝札、蝙蝠、牦牛、狮子等，图案的色彩也甚为鲜艳，是藏族所喜爱并常用的红、黄、蓝、黑、绿等颜色，对比度非常鲜明。这些纹样与图案在白色帐面的衬托下显得十分绚丽生动。内层通常为红色幕帐与黄色幕帐，在刺激的阳光照耀与外层白帐面的映衬下，让人备感高贵和雅致，身处其中如同身处在殿堂里。

近些年来，在川西藏族地区的牧区草原，盛夏时节都要举行隆重的传统节日盛会，如理塘的赛马会、色达的金马节、阿坝的扎崇节、红原的赛马会等。在节日前的两三日，十里八乡的群众均不约而同地来到传统的聚会地搭设帐篷，一顶、两顶、十顶、百顶乃至千顶，似乎转眼间，辽阔的草原上便成了帐篷城。放眼望去，如同草原中的白色花海，也像是海浪里千帆竞发的恢弘景象。步入帐篷城，映入人们眼帘的是千姿百态、争奇斗艳的帐篷。物资交流、锅庄服饰、藏戏表演、赛马和传统体育竞技，好戏连台。步入帐篷内，其上方和左、右总是铺满了厚厚的卡垫、藏毯，中间摆放着藏桌，桌上堆满了本地的坨坨肉、果饼、糌粑、藏酒和来自内地的啤酒、白酒、饮料、糖果之类的丰盛食物。主人与宾客一边畅聊，一边痛快地饮酒。帐篷城属于草原节日的象征，代表着欢愉的海洋。

（三）帐篷实例

1. 甘孜州“二龙四狮”帐篷

在甘孜州，现存一顶名为“二龙四狮”的帐篷。该帐篷以土白布为底面，用红、绿、黄、蓝、黑等颜色的氆氇剪制的各种花纹图案缝制而成。帐篷的背面与顶部皆绣着一个红色龙头图案，龙头两侧都绣着一头白狮与绿狮，边缘镶有黄色氆氇裁剪缝制的万里长城图；帐篷四角绣有八个汉文“寿”字；门上镶嵌着八吉祥图案。

传说，该帐篷为元朝时期元世祖忽必烈赏赐给帝师八思巴的礼品。到了明末，五世达赖将该帐篷转送给弟子曲吉昂翁彭措，褒奖他在今甘孜州康北一带创建 13 座格鲁派寺庙的功绩。曲吉昂翁彭措后来临回西藏时，就将这一宝贵的帐

篷留到了甘孜。

2. 甘孜州藏博馆“虎皮帐篷”

在甘孜州藏博馆内，现珍藏一顶稀世的“虎皮帐篷”（图 2-3）。这顶帐篷原为中华人民共和国成立以前理塘县一名土司所拥有，整顶帐篷的外层是通过 130 多张虎皮组合缝制构成，内衬以土布为底层。帐篷形状为圆形尖顶式，与毡包十分接近，非常绝妙，这顶帐篷至今保存完好，在整个藏区甚至全国都是十分独特的。

图 2-3 虎皮帐篷

二、农区民居

（一）农区民居的基本布局

1. 外部布局

无论农区的民居属于何种结构，其外部布局大都属于封闭式的院落，一宅一院。院落主要由住宅与院墙两个不同的部分构成。住宅部分的平面形状有“一”字形、“凵”形和四合院等。“一”字形的住宅，其他三方院墙为“凵”形。院墙大体为木栅栏、夯筑土墙和砌石墙三种。除木栅栏外，其他两类院墙的高度均在两米左右。院门一般开在与正宅相对的地方，但具体位置不一定与正宅门相对。四合院则以房子四周的围护墙作院墙，中有天井，大门一般开在与正宅相对的房屋正面下层，这种布局与内地四合院相似。在农区和城镇，还有一些无院式的独立民居，宅门直接开在建筑物的正中下层。川西藏族地区大多数的民居都是平顶，然而平顶的层数并不相等，一些地方属于单层平顶，一些地方则存在着退层，故出现两层乃至多层退层平顶；顶层平顶开有天窗，以独木梯拾级而上。平顶具备较多的功能，能够晾晒食物与其余物品，同时也能够作为打场放置草料，让主人进行瞭望与休息。在平顶的女儿墙上，还建有供煨桑用的“松科”与插风马旗的墙垛。

2.内部布局

农区民居包含了世俗空间和神圣空间，满足养殖、生产、生活和礼佛的功能，多层民居一般按照竖向空间大致分类：一层为养殖和生产空间，二楼为居住空间，三楼为储藏和礼佛空间。这样的功能划分符合实际生产生活需要，也符合藏民的文化信仰。如果是单层住宅，或以院落代圈，或依院墙建有顶棚圈，以关拦牲畜，其余居室、储藏室与经堂均分布于同一层内。在上述不同功能的分室里，起居室属于家庭活动的核心，人们通常会在起居室里做饭、吃饭、聊天等，因而起居室属于民居空间里占据最大面积的房间。小的起居室一般为4空（每四根柱子之间的空间为一“空”，为8～10平方米），此外有6空、8空乃至10空不等。位于二层及二层以上的多层民居中，楼梯间附近宅后开一墙洞，设置一外挑出墙的厕所，这是藏区建筑十分常见的做法。

（二）室内陈设布置

在民居建筑中，室内的陈设布置呈现鲜明的主次感，重点区域是起居室和经堂。因为起居室属于开展家庭集体生活的重要场所，可以在很大程度上代表家庭的形象，因而其室内陈设通常比其他房间更为优越，主要的陈设有锅庄、藏桌、藏床、壁柜、条凳、水柜等。由于青藏高原的气候十分寒冷，加上藏族热衷于喝茶，因而火塘都设置于起居室中，不管处在何种季节，都应当时刻保持火种，从而便于取暖与煮食。

壁柜与水柜都靠着墙伫立，占据比较庞大的体积，一般布满整墙；壁柜的功能在于放置衣食等物品，水柜中则储存着大量的炊具与盛水器皿。藏床大都十分低矮，高度在30厘米左右，宽80～90厘米，长约两米，多为木制单人床，上铺毛毡、卡垫、藏毯，白天可坐，夜间可睡。其形制主要有两种：一种是便于搬动的拼合床，一种是整体床。拼合床由大小相等的两个有顶无底的木箱拼合而成；整体床一般靠墙安置，另外三面均有雕刻或装饰精美的围板，相对拼合床显得别致而华丽。藏桌又称火盆桌，多与藏床平行放置，另一方则安置长条凳，使藏床、藏桌、长条凳形成一个组合。多数藏桌都由三张独立的小桌组成，其中一桌放置铜质或铁质火盆，以便取暖和煨茶，一桌可以用餐，一桌可以当作椅座。除起居室外，室内陈设较讲究的便是经堂，经堂一般供奉有神像、宝物，另外陈设有供案、供桌、供品、卡垫和宗教礼器等。其余房间陈设则相对简单。

20世纪80年代以来，随着人们生活水平的提高，农区建造新房的现象非常普遍。新民居在保持传统风格的基础上出现了一定程度的开拓，装饰水准呈现出较大程度的提升，建筑品质也出现了一定程度的改良。并且还较为恰当地调整与改良了传统建筑里的一些设置。比如，很多起居室不会再运用锅庄，取代的是重新构建的独立的厨房，因而在很大程度上使起居室的卫生条件得到了改良，房间不会再被烟熏，弱化了被烟熏的伤痛；大量新居的底层无法作为关拦牲畜的圈房，因而改作杂物房，甚至隔成居室。牲畜则关拦在依院而搭设的棚圈中，逐渐改变了人畜混居的状况，大大改善了居室的环境卫生条件。传统的民居往往窗开得很小，窗扇的样式也显单调，而新民居不仅窗开大了，而且窗扇的花样翻新，并讲究装饰，经济条件较好的家庭还安装玻璃，室内通风、采光条件也有较大的改善。有的家庭还安装了吊顶，吊顶上施以彩绘。通电的农区不仅家家有电灯，“村村通”工程还为村民安装了电视接收器，电视机、收录机、洗衣机等现代电器已进入普通人家。社会处于不断的发展变化中，人们的居住环境获得了有效的改良，生活品质也得到了不断提升，吸纳新鲜的具有现代气息的设施，已成为川西藏族地区民居的一种时尚潮流。

（三）民居与民俗

1.建房习俗

在传统民俗中，新建房屋是家庭中非常重要的事情。房屋开工之前，须延请寺庙僧侣或当地的巫师看风水、进行占卜，确定房屋的朝向和地基的具体位置，必要时还须请寺庙僧侣念经祈祷；至于动土的日子，也要请卦师测算吉日；开工之时，不仅要延请寺庙僧侣到场诵经，而且须恭请当地最有福分的人挥起拴有哈达的锄头破土；起屋基时，要在墙体内放进吉祥物；房屋封顶时，也须进行拜祭仪式。盖好新房后，搬进去以前还要打卦择日子，日子定了以后，要背一背篓牛粪和一桶水，系上哈达，先进新房厨房，在门窗和门闩上拴上哈达，次日就可以搬进了。搬进新房，将家里安置完善后，选择一个合适的时间，通知亲朋好友届时来新居过“康苏”（所谓“康苏”，即迁居新房仪式）。康苏的这一天早晨，主人家须准备五彩经幡插在新居房顶的西北角和东北角上，向诸路神佛献上青稞酒，煨上松柏枝、小杜鹃枝叶等天然香料组成的煨桑，用火点燃，大家边向天空撒糌粑边喊“苏、苏、苏”三声，仪式便结束了。总体来讲，各地建房习俗基本一致，但也存在一些细微差异。

2.信仰和禁忌习俗

藏族民众信仰藏传佛教，佛事活动除了到寺庙进行外，家庭的佛事活动也不可或缺，因而很多民居里都设置了经堂。经堂里的陈设与装修皆非常精细，经堂内，除主人早晚礼佛进入，或是延请的僧侣到家诵经外，一般人没有经过允许是不可以进入的。经堂中禁止放置杂物，尤其是不干净的物品，不然会被看成是对佛的不敬重。

锅庄或炉灶被藏族看作是火神寄居之处，应该时刻维持锅庄或者炉灶的洁净，避免向锅庄或炉灶中扔脏乱的东西等。锅庄或炉灶上端不能坐上任何人。

起居室内的中柱被视为祖先的神位，在一些地方的中柱上挂有刀、箭等武器，另一些地方的中柱上挂满了秋收时的麦穗、玉米棒子等，大部分地方的中柱上挂满哈达。中柱处杜绝人背向靠坐，否则便会看成对祖先的不敬重。每至家里发生喜庆事，人们都会向中柱祈祷，并围着中柱跳锅庄。家中娶进新娘，在新娘进门的大喜日子里，新郎和新娘须向中柱顶礼。

煨桑和插风马旗是藏族最普遍的一种习俗。这种习俗的日常活动多在家中进行，所以屋顶均设有专门供插风马旗的地方；有的地方在屋顶四角墙垛还设有插孔；有的地方则仅建有一个四方形的拉则，在拉则上面设插孔置风马旗。此外屋顶一侧女儿墙正中建有专门供煨桑用的“松科”，主人会在吉日的清晨，先将手部与脸部清洗干净，接着登上屋顶，一边念诵经文一边煨桑，以示对神灵的敬重，祈祷获得吉祥。

在川西藏族地区许多地方的民居的墙上，一般会安放或绘制一些吉祥物或崇拜物：有的在墙体上直接安插牦牛角或羊角；有的在墙头或门头上放置牦牛头或羊头；有的在墙体上或门头上镶嵌“十相自在”、佛塔等石刻图案。这种做法的意图包括以下两点：一是积极宣扬民族传统，二是祈祷平安祥瑞。

（四）民居实例

1. 日斯满巴民居

日斯满巴民居（图 2-4）位于阿坝州壤塘县宗科乡加斯满巴村石波寨。有关资料记载，该民居始建于明代初期，已有 600 多年的历史，是嘉绒藏区现存最早、形式最古老的碉房民居，也是最高、层数最多的碉房民居建筑。

图 2-4　日斯满巴民居

房屋坐西向东，依山就势，建于加斯满巴山前台地南边缘。整座房屋为片石砌墙、木料营内的石木结构平顶建筑。下大上小，自第二层开始逐层靠北内收成台，空间布局呈阶梯状。北墙自底层直贯顶层，故顶层面积仅为底层的六分之一；共 9 层，通高 25 米，底层墙厚 0.8 米，顶层厚 0.5 米，有明显的收分。这座古老的民居让人备感质朴、宏伟，占地面积 221.9 平方米，平面属于长方形。底层是牲畜圈，二层为厨房和客厅，三、四层为居住空间，五层为礼佛经堂，六层以上为储藏空间。从二层开始，各层都设置了木走廊，并且连通平台，主要功用在于晾晒粮食或者让主人休息。三、四层居室的周围建造着木质的吊脚厕所。二层以上每层皆开有一扇大窗和若干小孔窗，作通风和瞭望之用。这种民居形式与《后汉书》中川西北地区“依山居止，垒石为室，高者至十余丈”的“邛笼”建筑一脉相承。

如今，国家非常关注日斯满巴民居的保护与发展，先后投资了大量资金对其开展维修保护。

2. 克莎民居

克莎民居（图 2-5）位于马尔康市沙尔宗从恩村茶堡河北岸，始建于清代中晚期，为石木结构平顶建筑。该建筑物长 82 米，宽 10.75 米，占地面积 881.5 平方米。各层层高为 3 米，共 7 层，通高 22 米。四周墙体通过片石堆砌而成，底部墙体厚 1 米，顶部为 0.6 米，收分显著。底层到三层中堆砌着石隔墙，横梁平放到石隔墙上，四层至七层均有 1 ～ 3 根木柱支撑横梁；各层横梁的各端头均平置入边墙。底层为牲畜圈，二层为火塘兼客厅，门置于东墙，门外为一平台，三、四层为居室和粮仓，五、六层楼东、南、西三面向外边墙外挑出木结构阳台，外绕栏杆为农作物、牧草晾架。阳台呈“U”字形，宽 1.25 米。七层楼上有平台，长 4 米，宽 11.8 米；后为经堂，经堂两侧边墙外还各挑有一段阳台。屋顶西北角筑有一座高 1 米、长宽各 4 米的神台，从二层至顶层均设置独木楼梯，以供上下。

图 2-5　克莎民居

克莎民居属于嘉绒地区极富地方色彩的一种民居建筑，该种形式的民居——沙尔宗在周围的村寨中都非常常见，高度大致在 20 米。极目远眺，十分雄伟。

3. 甲居民居群

丹巴县是甘孜藏族自治州的东大门之一，紧邻阿坝州金川县和小金县，是嘉绒藏区的一个重要组成部分。那里有着大量环境美丽、具有浓郁的建筑特色的半高山村寨，如中路、梭坡、布科、大桑、牦牛、井备等村寨。其中甲居村寨民居群是最为典型的，这一村寨如今也得到了“中国最美乡村”的名号。甲居是丹巴县聂呷乡地势相对平坦的一个大寨子，“百户”是其名称的含义，这一民居群管辖着甲居一、二、三 3 个行政村，有住户 142 户。甲居民居群（图 2-6）具有十分精巧的造型，布局规整，标志突出，个性鲜明。甲居民居建筑外形具有十分鲜明的特点和深厚的文化内涵，整体造型和他们的宗教信仰紧密结合，相传是以僧人打坐的形态为原型的象形设计，僧人的头部便是顶层的“拉吾则”，打坐僧人交合的双手位置象征着首级“L”形平顶，僧人的盘腿象征再下一层的“L”形平顶。所有建筑基本都是坐北面南，除了日照、取暖的功能外，还与朝向南海普陀山的宗教信仰契合。从结构布局看，大多数的民居都是四层石木结构建筑（也有个别五层的建筑）。从空间功能分布看，底层为畜圈（当地人称之为“黑圈”），牲畜与人的出入口分开，安全、卫生。二层为厨房、杂物房和锅庄房，现在许多传统锅庄房已改装为宽大的客厅，并单独建有厨房。三层为居室、粮仓等；其外墙上还附有挑出的厕所和存放草料等的附属设施。四层为一单间，室内一般用作经堂（现多已改在三层）。二层和三层的“L”形平顶用作晾晒粮食作物和供主人休憩用。就外部装饰而言，整幢民居木质部分的外表与檐头均涂以褐红色，在檐头褐红色色带以下，再涂以黑色色带；二层以上的砌石墙体上均刷白色或墙体本色与白色相间，同时还显现出日月或佛塔等图案。顶层的单间“拉吾则”暗示这是曾经建筑高碉的位置，其顶部四周均为月牙造型，在月牙尖顶的四角处，安放白石，以代表四方神祇和对白石的崇拜。甲居藏寨最突出的特点还表现在与自然生态的协调上，数百幢民居依山而建，星星点点撒落在田园边、丛林中，这些造型独特、极富层次感、色泽明快的民居，与周围的山野、田园、密林、蓝天、白云等自然环境相映成趣，相互依托，较为全面地彰显出“天人合一”的思想。步入村寨，感觉美不胜收，房前屋后柏树高耸，绿树葱茏，曲径悠然，庄稼地中的青稞麦摆动着。如果遇到秋季，遍地都是一片黄色，石榴和雪梨挂满了枝头，每户人家的屋顶上满是成熟的辣椒串与玉米棒子，让人艳羡。现今，随着丹巴旅游产业的繁荣，甲居村寨已经转变为游客内心靓丽的风景。

图 2-6　甲居民居群

4. 道孚民居

在甘孜州的道孚、炉霍、甘孜、德格、白玉、新龙等县以及阿坝州、木里藏族自治县的部分地区的民居建筑中，均十分流行崩空式的建筑形式，这种建筑的学名叫作“井干式”建筑，俗名又叫“木缧子房”。从建筑结构来看，可分为土木、石木结构的建筑物和木结构建筑。另外，崩空式建筑是它结构的主要特色，这种结构不但可以增加室内功能空间，优化建筑的结构体系，增强抗震性，而且还能增加建筑物的外观层次感，相对改变起居室的舒适性与安全性。其中有的为崩空式无土、石围护墙体，有的则有部分土、石围护墙体。在上述地区的崩空式建筑中，道孚民居（图 2-7）是最为典型的代表。道孚处在鲜水河流域，拥有非常繁茂辽阔的森林，让崩空式建筑的修建获取了较为丰富的木材。因为该区域又属于鲜水河断裂带，地震灾害时常发生，因而当地藏族一直以来都有修建崩空的传统。

图 2-7　道孚民居

道孚传统民居通常都比较低矮，大部分都是两层，也存在着少量的单层建筑。传统崩空式建筑的建造方法一般有两种：一种是将半圆木两头直接搭交，让四方墙体连接为一个整体，在木墙体上挖洞作为门窗；另一种是将房屋四围用圆木组成灯笼架，然后在角柱上挖槽，再将半圆木两端插入柱槽内，层层横叠成墙。

20 世纪 70 ～ 80 年代，炉霍与道孚接连出现较为显著的地震。在地震发生以后，当地民众在充分吸纳经验的前提下，合理地改良了传统的崩空式建筑的结构和布局。与此同时，随着人们生活水准的持续提升，人们也十分重视室内装饰，道孚民居便演变为川西藏族井干式民居建筑。

人们在室内装饰上也格外讲究，道孚民居遂成为川西藏族地区井干式民居建筑的典型代表。得到改良以后的民居，柱子直径大都变得更大，豪宅的柱子需要两个人进行合围，让人备感沉稳。底层与二层木柱连体，以穿斗结构形式进行梁柱接榫，构成一个较为稳定的整体，有效地强化了防震的能力。在民居里，有两种平面布局：一种是底层平面造型均呈四方形，二层平面呈“L”形，并设置一个平台，厕所置于平台一角，全封闭；另一种是平面呈“回”字形，中有回廊、天井。民居一般为三层，格调优雅，庭院感十分强烈。室内的起居室宽敞、明亮，厨房单设。厕所的改造和厨房的单设大大改善了居室内的环境和卫生条件。楼梯宽大，并安设扶手，上下十分便捷。二层平台的女儿墙上种满了各种花草，房前屋后还种植了果树，环境得到了美化和净化。用泥土夯筑的底层和二层后方的土墙刷以白色，而木质半圆木墙体涂以褐红色。窗框和窗扇均作彩绘，外部各种色彩相互协调、相互映衬，给人的印象特别深刻。这样整齐鲜明的建筑格调，不管是在山麓或是城镇，都显得十分绚烂，凝聚着浪漫的气息。

走进民居中，更让人耳目一新，穿过干净的小院步入楼底，只见红壁、红柱、红色的大理石和棕色瓷砖镶嵌的地板组成了火热的基调。沿着楼梯拐角登上二楼，蓦然间被一派金碧辉煌震慑了，只见四壁、门房和梁柱上绘满了精致典雅的藏式壁画，窗上分别镂刻着典雅的龙、凤、仙鹤、麒麟等吉祥图案。

如果到了十分富裕的家庭，其室内装饰显得更为辉煌，让人震撼。进入室内，可以看到天井、回廊、飞檐等元素，以及通过汉藏图案交融得十分显眼的雕梁画栋，并且每根梁柱大概需要两个人合力才能抱住。由楼梯口平直地看去，三十多米长、约五米宽的楼梯前方，伫立着两根相互对称的大梁，上面镂空雕刻着两条遒劲的苍龙，而龙柱之后则是不同类型藏式的摆设。步入客厅里，正面悬挂着毛主席像，四壁皆为内地常见图案的浮雕艺术作品，如葵花向阳、双凤朝阳、骏马奔腾、松鹤延年、春兰秋菊等。再步入经堂中，艳丽的唐卡画挂满四周，上千卷经书放置得富有秩序，一尊尊佛像让人备感虔诚，引发人们无限的遐想。道孚民居从此走向了新的时期，人们为其取了一个别致的名称——“锦绣民居”。

5. 稻城民居

稻城民居（图 2-8）是甘孜州石木结构民居中颇具代表性的建筑。稻城民居建筑给人的总体印象是古朴、庄重。

图 2-8　稻城民居

稻城民居与其他地区的民居比较，其特点突出表现在以下方面：一是在楼窗、檐等部位设有木制的墙带，墙带用木枋制作“巴苏”，伸出墙外较多，上面覆以木板，然后铺以小石板，给人一种十分醒目的感觉。二是外部所有木制部分，包括大门，均涂以黑色颜料，显得厚重、沉稳。

关于稻城民居外部木制部分全部涂以黑色的缘故，民间传说颇多。有传说是因为格萨尔王时期，他手下的一位将领为征服恶魔战死在稻城，为了对这位将领表示敬意，整个地区的人们都把房屋的木制部分涂抹为黑色，以表纪念。还有传说是唐代文成公主从长安嫁到西藏拉萨，与吐蕃君王松赞干布完婚，途经稻城时，突然得到从长安传来的不幸消息，说是皇宫内文成公主的一位长辈去世，于是当地民众便与文成公主一道为其长辈披孝，其表现形式即为在房屋建筑上涂以黑色。然而传说只是传说，稻城民居涂黑的风俗应该和当地民众崇尚黑色的风俗、宗教信仰等具有十分紧密的联系。

稻城民居的涂黑颜料十分特殊，是一种当地人自制的原始、纯天然、无污染

的颜料。其工艺大致如下：将松木、柏木或河柳木烧制的木炭研磨成细末，加入具有防腐和便于黏结、附着的藏醋酸，将青稞粉作为添加剂，接着添加适量的水，一边调和一边在热锅里进行熬制。因为材料来源便捷、制作技术十分精简、人们容易掌控，并且无污染又持久，因而一直沿袭到了如今。[1]

三、土司官寨

（一）川西藏族地区土司官寨的基本情况

在川西藏族地区，元代起中央王朝推行土司制度，这一制度历经元、明、清三朝。虽然清中叶后，区内大力推行“改土归流”，土司制度名存实亡，但是在民国时期，还是有一些地区的土司复辟，封建领主制还在延续。直到中华人民共和国成立后，民主改革结束，封建领主制才彻底退出历史舞台。在时间的长河中，各地大小土司各自占领着一方土地，在其管辖的地区中，他们选取最佳的地方，支配很多人民、使用充裕的资金构造自身的豪宅。从建筑的视角而言，这些豪宅绝大多数代表着当地民居的最高水平，不失为川西藏族地区民居建筑的精粹。

近代以来，今甘孜藏族自治州境内的比较有代表性的土司官寨有明正土司、德格土司、巴塘土司、甘孜孔萨土司、白利土司、炉霍土司、丹巴巴底土司等官寨；在今阿坝藏族羌族自治州境内的有马尔康卓克基土司、松岗土司、小金沃日土司、汶川瓦寺土司、壤塘卓斯甲土司、阿坝华尔功臣烈土司、理县杂谷脑土司等官寨；在今木里藏族自治县境内，存在着曾经具有很大名声的木里项氏土司衙门。但是大部分的土司官寨因为缺少良好的维修，或者受到人为的毁坏，或者受到自然灾害的侵袭，已经湮没于时代发展的洪流里，只有少量留存下来，转变为一种历史的证明。

（二）典型建筑

1. 巴底土司官寨

巴底土司是嘉绒 18 土司之一，又名布拉克底、巴拉斯底，与巴旺土司源于同一家族。清初以前历为部落酋长，康熙四十二年（1703 年）该部落首领绰布

---

[1] 杨嘉铭，杨环．四川藏区的建筑文化 [M]．成都：四川民族出版社，2006：72.

木棱归服清王朝，受封为安抚司。乾隆四十年（1775 年）因其土司随征大小金川有功，被朝廷封为宣慰司职，又因土司驻牧地名叫巴底，故名巴底安宣慰司。

巴底土司官寨（图 2–9）位于丹巴县巴底乡邛山村，建筑物处在众多民居中间，远远看去十分醒目。官寨是石木结构建筑，其最为鲜明的特征是三座并排的高碉结合楼房和经堂组合成院落式建筑群。该官寨占地面积达 2230 平方米，三座高碉并排挺立，相互连接，一高两低，高度皆在 30 米以上，形成一个“山”字形组合；碉顶的檐角耸立，四角还悬挂着风铃，这在其他的土司官寨里并非十分常见。左侧是一幢七层平顶楼房，右侧为一座单层经堂，有侧门可通，供全寨人礼佛转经。高碉正前方为正门，正门两侧为一楼一底的平顶建筑，底层为杂役房兼牢房，二楼为官寨内公职人员的居室。在七层高的楼房中，分别设有客厅、官厅、经堂、茶房、起居室和库房等。

图 2–9　巴底土司官寨

清光绪十三年（1887 年），巴底土司官寨内爆发著名的邛山农奴暴动，反映了当时农奴在长期的压迫中已经忍无可忍。该官寨作为历史文化载体，具有十分重要的保护和研究价值。目前，甘孜藏族自治州已将其设立为州级文物保护单位。

2. 卓克基土司官寨

卓克基土司是历史上著名的嘉绒“四土”之一。该土司自元代初期（1286 年）受封，世代传袭至中华人民共和国成立初期，共传 17 代。卓克基土司官寨便是该土司的世居之所。该土司官寨位于马尔康市东近郊的卓克基乡西索村，具有十分动人的风景与雅致的环境。现存的土司官寨是 1937 年重建遗址。

卓克基土司官寨（图 2-10）为石木结构建筑，主要采用了嘉绒建筑风格，与此同时，也融入了汉式建筑艺术风格，这可以称作汉式建筑与藏式建筑融合下的产物。官寨占地面积 1400 平方米，平面呈正方形，四合院落式，坐东北向西南。

图 2-10　卓克基土司官寨

整幢官寨共有小房间 53 间，大经堂 2 间，侧厢房 4 间，正厢房 3 间和高碉 1 座。其正面为阔 7 间、进深 2 间的一楼一底平顶建筑。底层通过大门进入后是门厅，二楼则是用于接待汉族官商客人的场所。左、后、右三方为三楼一底，坡屋顶，底层左、后两边是马圈，右侧属于家人与当差人员的住房。第二层左面小房间为库房，大屋为厨房，右面为士兵住房；后部则为大经堂和厢房，供礼佛用。第三层左边小房前部为土司管家住房，后部为库房，大屋为土司专用厨房，右边为土司及家眷居室；后部中间大房为土司专用经堂，两侧厢房亦供土司礼佛用。第四层的左右两方为僧房和小经堂。

官寨的左、后、右前方均设有可以互通的回廊。回廊廊柱共 20 根，每根柱子由上下两截对接而成，结合处用暗子母榫套合。

官寨右外侧有一座四角石碉，边长 8 米，高度与官寨高度相等。出入口设在官寨右方第三层的一间小房中。当土司在遭遇较为危险的情形时，便可以在这一碉中躲藏起来或者存放宝贵的物品。在其余地区，这种附设石雕建筑样式也较为普遍，在民居建筑里也十分多样。

第五节 川西藏族的高碉建筑

一、高碉建筑概论

高碉建筑（图 2-11）是川西藏族地区一种极为特殊的设防建筑。它集中体现了藏族先民在极其恶劣的自然环境中，通过原始质朴的建筑材料，凭借卓越的智慧与丰富的想象，构造出造型奇特的美丽建筑，在青藏高原上建立起代表人类文明的丰碑。它不但打造出十分独特的建筑体系与浓厚的建筑文化，而且使中国与世界的建筑文化变得更加丰富。

图 2-11 高碉建筑

川西藏族地区的高碉建筑是古代居住在岷江、大渡河、雅砻江、金沙江流域的藏、羌先民所创造的，其历史十分久远。专家考证，在《后汉书·南蛮西南夷列传》中所记载的高至十余丈的被称为“邛笼”的石屋建筑，便具备高碉的痕迹，只是当初高碉建筑尚未彻底分离，转变为较为独立的建筑体系。到了南北朝期间，历史文献里便较为确切地记载了高碉建筑。例如，在《北史》中就有这样的描述：“附国者，蜀郡西北二千里余，即汉之西南夷也。嘉良夷及其东部，其国南北八百里，东西两千五百里。无城栅，近川谷，傍山险，俗好复仇，故垒石巢，以备其患。其巢高至十余丈，下至五六丈，每级以木隔之，基方三四步，巢上方二三步，状似浮图。于下级开小门，从内上通，夜以关闭，以防盗贼。”在《隋书》中，也存在着大体一致的记载。唐代史料里将其称作“维”，这就是说，在距今大约1600年前，在岷江、大渡河和雅砻江流域一带居住的众多种姓的部落，为了抵抗外来的侵袭，创造出有良好防御作用的建筑进行自我防卫。从唐以来至清乾隆时期，高碉建筑在川西藏族地区获得了更为良好的发展。其鲜明的标志在于高碉建筑分布的地区明显增加，数目持续增添，造型与建筑工艺变得更加精细与完善。清乾隆平定两金川之前，川西藏族地区的高碉建筑数量众多，尤其是在大、小金川流域的嘉绒地区。《平定两金川方略》记载，仅在今金川县的卡撒乡小卡撒寨一处，高碉数量就达三百余座，由此可见一斑。

清乾隆年间，清廷曾于1747年和1771年两次用兵平定大、小金川之乱，时间长达七年之久。由于当初出现了火炮等武器，高碉建筑便丧失了往常良好的防御作用，加上这场战争后，清廷在该区域颁布推行了“改土归流”的政策，高碉正式退出历史的舞台，转变为一种历史遗存，留存至今。目前，因碉楼的实际功能消失、乡村空心化严重，许多碉楼因多年无人保护和维修，加上该地区大大小小的多发地震，对碉楼造成了巨大的破坏。

二、高碉的分布、类型与功能

（一）高碉的分布

在川西藏族地区，就河流流域而言，境内的岷江、大渡河、雅砻江、金沙江四条大河流域皆有高碉分布。就当今行政区划而言，在阿坝藏族羌族自治州、甘孜藏族自治州、木里藏族自治县境内皆有分布。就使用和保留的世居民族而言，居住在今岷江流域的汶川、茂县、理县等地区的羌族以及除红原、若尔盖、阿坝、色达、石渠等纯牧业县和泸定等地区的藏族仍使用或保留着高碉建筑。

就高碉分布的密集程度而言，大致可分为核心区、较密集区和辐射区三个板块。核心区为今金川、小金和丹巴等地区，密集区为今康定、九龙、道孚、雅江、新龙、马尔康、黑水、理县、茂县、汶川等地区，其余为辐射区。

（二）高碉的类型和功能

许多史料与如今已有的研究成果显示，如果川西藏族地区的高碉根据采用的大宗建材进行划分，能够划分成三种不同的类型：第一类是外部墙体结构用黏土夯筑、内部楼层用木材建造的土碉，这类土碉主要分布在巴塘、得荣、乡城等县和白玉、德格、新龙、汶川等县的部分地区；第二类是外部墙体结构用夯土和砌石相结合，内部楼层是木材的混合碉，这种碉并不常见，当前只在德格县境内存在；第三类是外部墙体结构用石头砌筑，内部楼层使用木材修建的石碉，这种类型的碉在川西藏族地区的高碉里具有最高的占比，分布十分宽广。核心区内均为石碉，在少数地区，如德格、新龙、汶川等县则土碉、石碉并存。

按高碉外部形状来区分，川西藏族地区的高碉外形有三角、四角、五角、六角、八角、十二角、十三角七种，其中四角碉具有最为广泛的分布，十分常见；其次便是六角碉与八角碉；三角、五角、十二角和十三角碉较为少见。

从功能类型的层面进行划分，当前学术界存在着很多类型的分法，名称也十分多样。较为典型的分法有两个大类，在两个大类中又可分为若干个小类。第一个类型为家碉，又称宅碉。顾名思义，这类碉与民居相连，在修建过程中以一个家庭为单位，建碉全部的支出都通过这个家庭自身担负，所有权则归于建碉户，平时多用于家庭的物资储存和防卫，只有出现较为大型的战事时，才能够投入集体防卫里。第二个类型是寨碉，寨碉一般是以部落首领、土司辖区、村寨为单位修建的碉，建碉时由部落首领、土司、寨首、族首领导，根据功能需要在所辖范围内选择合适的地理位置而建。前期规划、建设投入、后期管理和防御均由集体承担，碉楼所有权也归村寨集体所有。在寨碉这个大类中，可以划分若干功能类型的碉，如界碉、风水碉、烽火碉、要隘碉等。多数碉为一碉多用，既可防御作战，又可用作通风报信、瞭望的烽火碉和把守关口要道的要隘碉。少数碉功能则较单一，如风水碉，往往在一个村寨，或是一个土司辖区内只建一座，其功能类似内地在风水宝地上修建的佛塔。界碉，顾名思义便是在边界上的碉楼，具有标识功能和空间分界功能。这样的碉楼主要建立在村寨、土司、部落之间，标志为各个利益集体的地理权力区域，提醒人们不得越界侵犯，避免造成争执或纠纷甚至战争。烽火碉与要隘碉通常都修建于具有广阔视野的山梁、谷口边，主要功用在于瞭望与警戒。如果出现紧急状况，可以将烽火作为信号，避免由于遇到突袭而感到迷茫；同时也可以向邻近的部落或者村寨发出求助的信号，从而便于及时获得有效的援救；如果发生战事，要隘碉就转变为首道防线。在村寨的要道口或人口相对密集的居住区，往往还建有一些寨碉。这些寨碉和家碉互为犄角，组成一道坚固的防线，以抗击外来的侵扰。在一个部落或村寨辖区内，若干家碉和寨碉有机地组合在一起，便形成了一个较为完整的防御体系，一座高碉便代表一个火力点，大量的高碉便构成一个立体状态的火力网。在冷兵器时期，高碉十分坚固，易守难攻，有“一夫当关，万夫莫开”之效。另外还有俗称的经堂碉、阴阳碉、姊妹碉、公碉、母碉等，名称与当地的民俗有关联，并有动人的传说故事。

三、高碉的结构与建筑技术

（一）高碉的结构

对高碉的横截面进行观测，可以发现大多数现存的四角碉都呈现“回”字形，只有少许的高碉平面属于“日”字形。五角碉平面呈“山”字形。六角、八角、十二角、十三角碉的内部呈圆形，六角碉外部 6 阴角、6 阳角，八角碉外部 8 阴角、8 阳角，十三角碉外部 13 阴角、13 阳角，六角以上的碉整体平面呈星状。茂县、汶川、理县等地的羌寨高碉与藏族村寨高碉有一定的区别，其最为突出的不同体现在以下几个层面：一是全部高碉内部平面的几何形状都呈现多棱形；二是高碉外墙的各大面都属于微弧状；三是 12 角以上的碉外墙无阴角。

不同种类的高碉，由外部进行观测，立面从底部外墙从下而上渐渐地向内收分，呈现斜柱体，墙体下部厚度达 1.5 ～ 2 米，顶部厚度 0.5 ～ 0.6 米；就高度而言，低者大概在 15 米，多数在 16 ～ 35 米，高者达 40 ～ 50 米。

高碉的内部楼层结构为楼梁、楼欠、楼面、独木梯 4 个部分。承重形式为墙承重结构。在楼梁的截面中部，两头或直接插入墙体，或搁置于加有肋墙的肋台上。楼欠一头搭接于横梁上，一头伸入墙体内，间距为 0.3 ～ 0.5 米不等，上面多铺以木柴树枝，覆以泥土拍实。每层的层高不等，在 2 ～ 2.5 米。楼面上留出楼面面积的四分之一作楼梯口，上层与下层的楼梯口呈对角错置，并安装独木楼梯以供上下。顶部结构在各地的做法具有明显的区别，如岷江流域羌族地区的高碉，一些顶部安装着木挑，周围都制作为伞状斜屋面，从而避免雨水直接冲刷；有的顶部退台设置敞口楼层，一来增大在顶层瞭望人员的视野，二来敞口楼能避风雨，可用作瞭望人员的休息间。又如，在嘉绒地区，所有碉的顶部都和民居顶层装饰保持相同，四角都具备着月牙形的标志。

如果是寨碉，高碉的入口处均在离地面 3 ～ 4 米处，当出现战事的时候，可扶着独木梯而上，接着把独木梯收入到碉中，最后将碉门关闭。碉门较为狭隘，高 1.5 ～ 1.8 米，宽 0.7 ～ 0.8 米。高碉周围墙体上错层开设射击孔，射击孔内宽外窄，呈喇叭形。高碉的中部与顶部还开设着数量不等的与底层门洞尺寸形状大小相等的孔洞，这也许是守碉人员的投石孔与紧急出口。如果是家碉，由于大部分都和居室连接，因而各层都拥有和居室连接的门洞。家碉的外门洞一般都开在屋顶平顶处。

（二）高碉的建筑技术

修建高碉的砌石、夯筑技术和建造民居大致一样，但也表现出一定程度的差异。首先，高碉的空间高度比居室高出 1 ～ 4 倍。为了确保其品质，在砌筑时，对阴、阳角部位须有所选择，这样技艺卓越的艺人才可以担负起相应的职责。其次，高碉较为巧妙地把很多建筑力学原理使用到其中，如在基础处理层面，大部分都使用筏式基础，因为筏式基础是所有基础类型中与地基接触面积最大、压强最小的基础，这样能够有效强化地基的承载力，规避地基受力不均衡而塌陷的问题。又如，五角以上的碉旨在强化墙面的转折，如此不仅能够在一定程度上规避墙体开裂，也能够有效地强化稳定性。再如，六角以上的碉的内部采用了圆形筒体技术，从而最大程度地保证了建筑物的筒体力学性能。正是基于此，再加上当地工匠的精湛技艺，高碉建筑物不仅使用寿命很长，而且成为世界砌石建筑的精妙之作和珍贵遗产。20 世纪初，时任丹巴天主教堂神父的法国传教士佘廉霭，在丹巴亲见高耸云际的碉群时感慨万千。之后，他专程到梭坡等地拍摄照片，寄往法国参加里昂 1916 年的摄影展览，使西方第一次领略到了川西藏族地区高碉的风采。

四、高碉建筑实例

（一）沃日土司官寨碉

沃日土司官寨碉（图 2-12）是在清朝初叶修建的，原本共两座，分别为六角石碉与四角石碉。20 世纪 70 年代，由于建造沃日大桥，六角碉被拆除。如今留存的四角碉位于乡人民政府驻地，坐西向东，碉的外部保存得十分完善，顶部四角是攒尖顶，内部尚且保存着少量的木架。通高 37 米，计 13 层，南北边长 5.7 米，东西边长 6 米。下部窗距地面 15 米，上部窗距地面 34 米。

图 2-12　沃日土司官寨碉

（二）杂谷土司碉

杂谷土司官寨碉共两座，始建于清乾隆初年，至今已有二百五十余年的历史。1933 年叠溪大地震时，两碉顶曾被震裂，如今顶部的裂纹仍旧十分明晰。该碉处在理县县城附近，两碉的间距大概是一千米，隔着杂谷脑河南北相望。两碉均为四角石碉，内部楼层为木质，各层之间有独木楼梯相连，碉顶四角为嘉绒地区传统月牙形尖角（图 2-13）。

图 2-13　杂谷土司碉

南碉 1 层，通高 32 米，墙厚 1.1 米，底边长 6.5 米。每层皆有“十”字形观察、射击孔。北碉九层，通高 28 米，底边长 5.5 米。除底层开门外，第四层南面也开有门。第九层南面开一小窗，第六层西面开有两个“十”字形观察、射击孔，其余各层每面开有一个观察、射击孔。

（三）曾达关碉

曾达关碉（图 2-14）是乾隆初年由大金川土司莎罗奔所建，位于金川县马尔邦乡和曾达乡交界处的曾达关大金河两岸，共两座，均为四角石碉。东碉在大金河东岸曾达沟与大金河交汇处的半坡，通高 28 米，底边宽 3 米，墙厚 0.9 米；西碉位于大金河西岸半坡，通高 43 米，底边宽 5 米，碉身上方已经略微朝着西侧倾斜。

图 2-14　曾达关碉

第三章
气势恢宏的川西羌族建筑

川西羌族建筑是基于川西羌族的自然文化环境形成的，通过建筑元素和装饰，可以较为深刻地感受到川西羌族文化的气息与韵味。川西羌族的建筑主要包括官寨、碉楼、民居与桥梁等几种类型，这些建筑各具特色，整体都展现出恢宏的气势。本章即对川西羌族的建筑展开较为详尽、全面的论述。

第一节　川西羌族建筑形成的自然文化环境

羌族大部分分布于四川省阿坝藏族羌族自治州茂县、汶川县、理县、松潘县和黑水县，以及绵阳市的北川羌族自治县和平武县，其他散居于甘孜州丹巴县、都江堰市、雅安青衣江一带的部分地区。贵州、甘肃、陕西等地也有少量分布。

一、自然环境

羌族所在地位于青藏高原与四川盆地之间，是高海拔与中海拔的过渡地带，海拔高度在其间陡降2200米左右，拥有非常丰富的水资源，然而地形的坡度很大，生存环境并非良好。该区域经历了大规模的区域变质作用、局部花岗岩岩浆入侵、岩石破碎、深成变质作用，断层发育和地震频度高。

羌区西部属于岷江上游，小姓沟、黑水河、杂谷脑河汇入岷江；东部属于涪江上游。羌族聚落主要依托更次级的溪流而建。境内山峰绵延不断，峰峦重叠，山峰高耸，境内的岷江上游属于干热河谷，两岸植被被破坏，岩石裸露，滑坡、滑坡、泥石流常年发生。

区域内岷江、黑水河、扎古瑙河、青白河、白草河流速快，自然瀑布大，水资源丰富，具有开发水电的优势。羌族地区的气候温差十分显著，初秋时节，当河谷地区的紫罗兰绚丽地绽放时，高山上已经累积了大量的雪花。

羌族地区适合种植多种农林作物，主要的农作物是玉米，除此之外便是小麦、青稞、土豆、荞麦、豆类、麻、烟、油菜等经济作物。苹果、花椒与核桃具有较高的知名度，畜牧业则主要养殖羊，林木资源中以椴木、桦木、铁杉等经济价值最高。药材资源中，尤以虫草、贝母、天麻、鹿茸、麝香、熊胆享有盛名。野生动物里的金丝猴与熊猫更是闻名遐迩。

羌族地区还有许多著名的自然景观、文物古迹和民族文化资源。汶川雁门沟西羌大峡谷，汇聚着雪山、山峰、森林、怪石等丰富的景观，是游客观赏风景、体验漂流的良好去处。北川的小寨子沟，位于岷山山脉主峰雪宝顶南端，山谷险峻，流淌着洁净的瀑布，溪流不断流动，彰显出磅礴的气势。北川桂溪猿王洞，凭借着美丽动人的溶洞吸引了大量游客。克枯栈道、布瓦古碉楼、无影塔与藏羌走廊，积累起了十分深厚的羌族文化底蕴。传说羌族地区是大禹的故乡，与大禹相关的遗迹遍及岷江、涪江上游流域地区。卧龙自然保护区的珍稀动物和自然景观、桃坪羌寨民俗风情区、茂县黑虎碉群、汶川县布瓦黄泥碉群、叠溪海子和叠溪城地震遗址、茂县营盘山遗址、汶川姜维古城墙、理县佳山石棺墓葬群、北川羌族自治县的猿王洞等，皆是屈指可数的文旅资源。

二、人文环境

（一）服饰文化

羌族具有十分绚烂的服饰文化，流露出宗教性、独特性的鲜明特征。羌族的传统服饰包括麻布长衫、羊皮坎肩、包头帕、束腰带和裹绑腿。其中，具有代表性的服装，如茂县的“腊呼羌”男装，提倡头缠黑头帕，腿绑红布条。男女服饰通常都使用彩线或者彩布条，布块上具有丰富多元的花纹图案，色彩沉郁且具有强烈的对比，十分庄严华丽，具有较高的欣赏价值。

释比是羌族部落中拥有最崇高的地位的宗教师，他掌握着神权，同时拥有丰富的知识，他们以口头传授的方式传播着羌族深厚的历史和文化，其服饰流露着较为庄严的气息。释比服装全身的装饰图案以火焰纹为主，结合云彩图案，颜色主要有红色和金色，图案线条很粗，形状显示出一种粗犷的气息，是羌族男装的代表服饰。普通男性服饰在各地羌区大同小异，男子身穿长衫，外套羊皮褂，脚穿圆口布鞋或草鞋，喜庆日穿云云鞋。云云鞋状似小船，鞋尖微翘，鞋帮绣有各色云彩式图案。

羌族女性的服装以红、蓝、黑、白四色为主导，颜色鲜艳，色彩对比度强，具有较强的视觉感受。生活在不同地区的羌人的服饰大致一样，都是长衣式，根据地区的不同，在图案和腰饰上有略微的区别，但都有一个共同点，就是衣服上的纹样主要是花草纹、羊头纹、火焰纹和云纹，图形以云朵形、蝴蝶形、流动宽线为主要题材，特色鲜明。在冬季，羌族妇女通常会包四方头巾，上面绣有色彩丰富的图案；春季和秋季通常包绣花头帕，有的还在胸前佩戴椭圆形的“色吴”，上有银丝纺织的图案和珊瑚珠，以示佑福增寿。女性平时外套羊皮褂，腰系绣花围裙，衣衫长及脚踝处，领口镶嵌银制的梅花形饰品，襟边、袖口、领边摆等处绣有图案，腰束绣花围裙和飘带，围裙和腰带裙也绣有颜色丰富、形状精美的图案。可根据不同的发型来判断女性是否已婚，未婚女孩梳辫盘头，包绣花围巾，包绣花头帕；已婚妇女梳发髻，然后再包绣花头帕。刺绣手帕的主要类型有黑布大头帕、百合花形白头帕和牛头帕。“云云鞋”广受当地女性的喜爱，此外，女性还喜欢佩戴银饰，如银簪、银耳环、银耳坠、银领花、银牌、银手镯等。

使用到羌族服饰中的绣片花纹图案十分丰富多样，这些图案寄寓着人们对幸福生活的憧憬，纹样技艺十分成熟，质朴缜密，布局精巧，深浅适宜。在象征意义上，羌族服饰上丰富多样的图案传达着羌族民众对生活的期盼与祝福，体现出其内心的理想。因而，他们所选择的图案内容多为虫鱼花鸟、飞禽走兽、瓜果花卉、吉祥（鸡羊）如意、金玉（鱼）满堂、百鸟朝凤等。羌族服饰有着自己独特的特色，如天边的五彩祥云就是“云云鞋”的灵感来源。

（二）节日文化

1.羌历年

羌历年的羌语称作“日美吉”，含义为祥瑞愉悦的节日，它是羌族人民最为隆重的节日之一，于每年的农历十月初一举行。一般来说，古代羌历是十月的阳历。每年的 10 月 1 日就是新一年的开始，农作物已经收获完毕，大家都杀猪宰羊来庆祝丰收。在秦朝，羌历改为农历。羌族的新年活动包括祭祀天神和牛神以祈福，并且有专门一天的集体祭礼；此外，每家每户都要分别祭拜、饮酒、轮流招待客人（以寨为单位）、跳沙朗舞、举行各种庆祝活动。过年的时候，全寨都中止劳作，远行人忙着赶回家，人们都穿着色彩艳丽的节日服装，尽情地畅饮，吟唱着欢愉的歌曲；在民族乐器的伴奏下，人们跳起愉悦的羌族锅庄舞与皮鼓舞，并结队到不同人家拜年，直到夜晚时才尽兴。有些地方的人还会穿盔甲，跳简单而有力的“盔甲舞”；同时，人们还会抬上白石神在寨子里游览，祭祀神灵，祈祷吉祥如意，五风十雨。

2.领歌节

领歌节在羌语里也被称为“瓦尔俄足节”，是羌族历史悠久的传统节日，每年农历的五月初三开始举行，庆典全程持续 3 天，主要由妇女组织，因此它也被称为羌族的“妇女节”。相传，该节日的目的旨在纪念掌管歌舞的莎朗女神。在节日里，只要是属于本寨的妇女，不管处于哪一年龄阶段，都穿着富有特色的本地民族服饰，佩戴着美丽的银饰前去参加活动，祭祀女神莎朗，载歌载舞，整体的氛围较为活跃。瓦尔俄足是一个由女性主导的民间节日。它的主要内容包括歌舞、饮食、宗教、习俗、服装和建筑等，能充分反映羌族鲜明的民族文化特征，在羌族民俗文化中占有举足轻重的地位。其对于研究羌族源远流长的女神崇拜习俗以及民间歌曲、原始舞蹈等民间文化艺术，特别是对羌族民族舞蹈莎朗的发展、演变，拥有十分深厚的研究价值与欣赏价值。

3.祭山会

羌族祭山会别称祭天会或敬山节，是祭祀山神、祈求风调雨顺与五谷丰登的最盛大、最隆重的活动。仪式的时间从阴历的三月到六月，日期各不相同，绝大多数是在阴历的四月十二日。通常是在寨子附近的神山上的神树林举行仪式，参加的人员包括男子和未婚妇女，他们穿着精美的服饰，携带美味的食物，牵着牛羊等家畜往山上去。祭礼由释比或者年龄较大的地位崇高的人主持。等到祝词颂读完毕，就将牲畜杀害祭献神仙，将柏香枝点燃，接着再颂读吉祥词，并以集体的形式还愿、许愿，然后再各自许愿。仪式需要几个小时甚至一天，人们真诚地叩拜。最后，在宣誓遵守村里的规章制度和祖先的传统后，集体呼号，大家在欢呼雀跃中载歌载舞，直至尽兴而归，剩下的食物平均分配给所有人员。在这一天，每家每户都要在屋顶上插杉木枝，在室内神台上挂纸花，烧柏树枝。在天神“木比塔”的祭祀过程中，巫师通常会敲羊皮鼓，唱本民族史诗，以羊为祭品。仪式的选址在村寨附近山上的石塔旁，塔的顶端有白石，它象征着天神、山神、树神等。[1]

第二节　川西羌族传统聚落的选址

川西羌族传统聚落的选址需要依据水源、地形、光照等因素，下面主要论述平坝聚落、坡地聚落与基于三级支流的聚落群这几种不同类型的聚落选址。

[1] 韩云洁．羌族文化传承与教育[M]．成都：民族出版社，2014：86.

一、平坝聚落

部分聚落位于地势较为平坦的河坝、半山大台地。主要河流较为宽阔的坝子，穿行在聚落中的水渠和纵横相交的道路网成为“骨架”，民居是“肌肉”，附着在“骨架”上。河坝的交通十分便捷，然而也较易遭受攻击，因而聚落通常以团状的形式展开，房屋十分集中，彼此间通过屋顶的平台贯通，结成具有鲜明的防御特点的堡垒。

比如，地处杂谷脑河坝的桃坪寨，寨前的大道直达马尔康，具有重要的经济价值与战略价值，容易遭受战火的袭击，所以寨里民居的墙壁很高、房屋较深，组团紧密，寨里也遍及各种暗道。从建筑单体的角度来看，体量敦厚，平面自由而繁复，容易防守，难以攻击。桃坪寨对水的调度和利用非常巧妙，一条人工引水渠将寨旁的阴溪水引入聚落，水口前设磨坊，这里是信息交流站和寨内细密水网分流处。看似复杂的聚落，实际是在人工水渠的脉络上形成的。从水口小广场分水后，各个支渠从民居底部流经全寨，然后灌溉农田，最后汇入杂谷脑河。

在小流域较为狭窄的河坝，聚落往往沿河发展，呈现出条带状的平面。为了有效地规避山洪的袭击，也为了尽可能预留充足的耕地，一些坝底的聚落会选择稍高的山脚进行建造。中华人民共和国成立之前，坝底寨由于交通比较便利，容易遭受其他流域部落的袭击，通常规模有限且关注防御。如今，坝底寨依托方便的交通发展为本流域的中心，乡政府、小学、供销社一般设在河流上游，位于河坝，以牧业为主，几乎每家都有牛圈；村落在河流北岸条状展开，地处安全宁静的山谷深处，屋舍沿小溪散布。

在面积较大的半山台地，聚落从台地面临山谷的边缘开始发育，既可监视山下形势，又能保留大片耕地。例如，茂县三龙乡的河心坝，选址在得天独厚的大台地上，最早的建筑在台地边缘，能够俯视三龙沟，和小流域里的其余村寨彼此照应。台地边缘的建筑共同拱卫着良田，生产各种各样的农产品。

二、坡地聚落

位于坡地的聚落数量最多，有的垂直于等高线发展，有的平行于等高线发展。当聚落发育完善，单一维度已经不够了，这时会出现垂直与平行的多条生长轴。例如，理县增头下寨，建筑沿几条主要道路环绕，像有机体一样向外生长，道路是“营养血管”，供给养料。原生长轴与等高线互相垂直，构成了依山就势的整体形象；次级长轴（次级道路）平行于等高线并横向扩展。增头下寨是以点、线、面逐步扩展的，原本是在一个核心组团的基础上发展起来的，形成了一个“丁”字路口的结构。周国文宅过街楼与周李容宅过街楼分别控制着南北交通与东西方向，呈现“一夫当关，万夫莫开”之势，相当于沿阴河流域设立检查站，对到这里的人进行身份查验，一旦敌人进攻，即成为北上寨、中寨和东侧小寨的先锋，首先阻止对方进攻。

而增头沟对面的佳山寨，属高半山，主要经济作物是苹果。聚落选址在耕地之上、坡度较大的地段，原本拥有碉楼，能够对杂谷脑河谷实施监控，之后被拆毁。由于其接近交通线，也处在十分隐秘的高半山，战略方位显得十分关键，长征的时候红军在该处举行了“佳山会议”。

佳山寨的原生长轴也是垂直于等高线的，寨内主路拾级而上，建筑密集排布在主路两侧，结成易守难攻的堡垒群。在聚落高处，轴线发生转折，民居又变成沿等高线横向发展。寨内的高差十分显著，道路蜿蜒，聚落空间较为多样。村寨和地形结合得十分密切，不仅有助于防御，也树立了十分宏伟的感官形象。

三、基于三级支流的聚落群

村寨并非完全孤立，不同个体之间不仅存在着紧密的交流，也存在着一定的纠纷，有联合也有分裂。多元化的人际关系体现于村寨关系中，构成了层次丰富、稳定程度较高的聚落群格局。

一般来说，一条三级支流，在当地一般称作某某沟，如永和沟、龙溪沟、三龙沟、蒲溪沟、黑虎沟。在这条三级支流的流域内，分布着若干羌寨，从沟底平坝到高半山，数量依据流域的承载情况予以增减，由数个至数十个不等，极少数大沟有过百的寨子。

沟内是一个稳定程度很高的合作组织。沟内的不同村寨具有十分亲密的血缘关系，世世代代都结亲，一些羌族妇女一生都未离开过沟内。这些血缘关系如同一张庞大的网，集团里的所有成员都处于其上。如果一个人陷入危险之中，整个网络都会反击，因为家族的血缘关系是十分神圣的。沟内有自己的方言，相邻两沟之间有一定语言差异。中华人民共和国成立以前，两沟的关系是争夺领土、武装斗争和掠夺粮食，这样的社会关系导致一条沟就是一个独立的小社会。

沟口村寨是前哨，沟内坝底寨是交往和交换的中心，而沟两侧山坡上散落着零星民居。在耕地、光照、水源条件良好的高半山，主要的大寨子分布在各个山坡上；高山区则是水源涵养林，在羌族传统文化中，人们崇拜神树，每年祭山祭林仪式过后封山育林，使万物生息，这是一个古老的可持续发展系统。

比如，理县蒲溪沟，如同桃花源的现实版，隐藏在群山背后、白云深处。狭窄的入口溪流湍急，两山对峙，荒无人烟。如果没有电线杆做提示，很难想到内有良田和数千人口。沟内的高半山坡度较缓，土层厚，适宜开垦。原始的高山森林有着稳定的水源，阳光充足，羌族在此聚居，生活繁荣昌盛。口小腹大的浦溪乡，沟口隐蔽狭小，易守难攻，沟内阡陌纵横，田舍俨然。

浦溪乡以浦溪沟流域的分水岭为界，自成独立小世界。域内海拔变化，从低到高依次分布次生林—农田果园—原始森林—草地，生产方式也是农牧结合、兼营采集。中华人民共和国成立前，居民大多只在沟内通婚，对外界充满防备。这是一个典型的羌族小流域聚落群体系。❶

第三节　川西羌族建筑的元素与装饰

川西羌族建筑流露出十分浓郁的质朴气息，建筑材料简单。由于川西羌族地区经济水平落后，所以装饰并不多样，然而略微予以点缀便显得巧妙。细部的构造大都较为精简，注重实用性。

一、川西羌族建筑的元素

（一）收分石墙

石屋是羌族的核心地区最常见的民居形式。在形式上，那些厚重的石墙（图 3-1）由下至上渐渐变得薄弱，逐层收小，石墙的重心渐渐向室内偏移，形成向心力，彼此挤压进而变得稳固。由远处望去，这种结构可以有效地强化透视感，搭配原本厚实的材料，显得更为挺拔、富有力度。立面的开窗十分窄小，因

❶ 中华人民共和国住房和城乡建设部．中国传统建筑解析与传承．四川卷 [M]．北京：中国建筑工业出版社，2015：97.

而其建筑表现出十分良好的防御性。许多开窗能够有效地强化保护作用，洞口内大外小，便于内部射击和外部防御，这些都是历史上部落之间的长年战争导致的，但是这样的立面也使建筑的外形更加纯粹、坚固，厚实感更强。

图 3-1 收分石墙

（二）主室空间

羌族传统民居虽然多样且多变，但主室火塘（图 3-2）一直是其核心空间。

图 3-2 主室火塘

二层平面和空间在本质上是一样的，二层平面的三个元素是相同的：火塘、中心柱和神位，这三个元素都被赋予了神的象征。在不同时期的羌族建筑中（最早的距今有2000多年）能够发现，由中心柱、火塘与神位把控的主室空间保持不变，而主房空间决定了建筑其他空间的布局维持不变，所以羌族的建筑空间也是不变的。

1.火塘

火，尤其是对于火的使用是人类从原始走向文明的标志。对火的崇尚、对火塘的大量禁忌与火塘在生活中发挥的作用，很多民族都较为相近。起初，羌族火塘由三块象征不同神的白色石头代表。后来，火塘变成了铜或铸铁制成的三足，传统古老的内容逐渐消失了或融入了汉民族的宗教思想中，如火塘上下左右的位置有“上八位”“下八位”等长幼尊卑之分。

2.中心柱

中心柱是羌族建筑二楼平面上最大的一根柱子，俗称中柱神或中天神，保证着房屋的坚固。这一标志性柱式保留着羌族最早的游牧民族特征之一，与他们的祖先在帐篷中间竖起的中柱相呼应。

3.神位

每个羌族家庭的火塘里都有一个神龛，神位就在神龛里。过去，羌族的神龛是用来供奉白石的，现在主要供奉天地皇帝、日月皇帝、玉皇大帝、观音菩萨和十二位家神，其中神位的位置受到了汉族文化的影响。

神圣且富有亲切感的主室火塘体现着先民的护佑、自然神的关照，供奉着温热的食物，是羌人最为眷恋的场所。

二、川西羌族建筑的装饰

（一）石作

羌族石雕装饰有着鲜明特色。羌族的寺庙大门口必有一对石狮子，体型不大，憨态可掬。此外，受汉族影响，不少羌族人家门口都有“泰山石敢当”。羌人原本便精通于石作，在砌筑石墙的时候，较长的墙面中部时常砌上一道小脊予以合理的装饰，有效地弱化沉重的体量。在石墙转角处，两侧的石材交叉叠砌，可以有效地强化两面墙的连接，确保建筑完整顺畅。

（二）木构装饰

羌族建筑流露出较为质朴的气息，装饰较少，然而少许的点缀便显得十分优美。大门大部分是单扇门，依据汉族建筑双扇大门的艺术风格予以装饰，其中精简的垂花、对联与年画都展现出汉族文化的深刻影响。门上有挑檐，檐下有垂花与两个方形门簪。门的右侧约 1 米高处的墙上有槽，供门闩拉动。窗棂以直棂、正交格为主。邻近藏区的窗棂会做一些简化的牛头窗装饰。

（三）白石

羌人建筑中具有白石这一装饰元素，它表现了羌人对先民的敬重与对自然的赞美。白石通常是当地的白色石英岩，不管是一块或者几块进行堆砌，都会适当地模仿山峰之形。白石可以置于屋顶女儿墙的转角处，也有的在门楣、窗楣上，中央一块白石最大；更讲究的建筑，在檐口镶嵌一条白石带。屋顶女儿墙正中还设有煨桑炉，是敬天、祈福和驱秽的工具。

第四节　川西羌族的民居建筑

一、川西羌族民居建筑概论

羌族民居美名远扬，有的是流传下来的说法，也有的是古书典籍的记载，如“邛笼”“碉房”“板屋”，这些说法都不同程度地触及了羌族民居概貌。羌族建筑多为底层畜养、二层住人、三层为罩楼与晒台，然而如今尚还鲜见大面积分地区、分类型全面调查测绘的研究成果面世。今笔者有时独自一人、有时带领学生或家人数十次穿梭于数个村寨，调查民居实例上百，测绘数十，历时八年，亦仅敢言大致了解羌民族数千年历史在民居上的反映。越是深入地挖掘其缘由，便越会感知到该民族深厚的建筑文化透露出的强烈神秘感；对所有存在的空间现象予以探究，也无法获得清晰的解释。在惊叹之余，亦仅能言一孔之见以飨读者。

不管从数量还是质量上来看，羌族民居在羌族建筑体系中都占据着极为重要的位置，它也属于羌族建筑的中心内容。它的发生和发展，不仅涉及汉代南迁岷

江上游河谷的西北羌人，亦涉及汉以前世居此地的土著冉駹人，还有理县境内唐代东迁的白狗羌人以及汶川绵虒一带唐以后从草地迁入的白兰羌人，后述二系出于西羌，同源异流而后又合流，基本形成现代羌族人口构成的格局。明末清初时"湖广填四川"，又有不少汉人融入羌民族之中，他们有效地传播了深厚的汉文化，也在空间层面或多或少地影响着羌民居。所有建筑的形成与发展都源于人，处在迥异的文化背景中的人也构建了各异的建筑。所以，人口构成应是分析羌族建筑的主脉和纲领。

汉武帝以前，岷江上游世居土著冉駹人，时遇西北河湟地区的羌人被迫南迁，其中一支自称"尔玛"的羌人来到岷江上游，这就是今日羌族的直系先民。当时冉駹人和羌人相处尚好，羌人帐幕架在河边上，牛羊牲口放坝上……人们牧畜满圈栏，一派和睦气氛。随着人口与畜牧业的发展，双方发生旷日持久的大战，后冉駹人败走，"尔玛"羌人占据了岷江上游地区。部分留下的冉駹人和羌人融合，逐渐改变了"逐水草而居"的游牧生活。羌人学会了冉駹人用片石修筑建筑的技术，也逐渐掌握了农耕的技艺，这就直接导致羌民的住宅由羊毛帐幕居住形态转变为"垒石为室"的石砌住宅形态，羌人由此定居下来。在这漫长的过程中，羌人又把帐幕的空间构造、空间情结融合在冉駹人的石砌居室中，这便是"中心柱""乾棱子"以及主室和帐幕空间的结合。

一个民族的居住方式由游牧帐幕居住形态转变为农业定居居住形态，一定会出现居室空间功能划分的问题。中国人始终怀有恋旧的情绪，热衷于在新形态上融入以往的习惯思想，所以可以发现羌族民居的一间房中，汇聚着大量的事物，包括厨灶、火塘、神位、组柜，最重要的是还有中心柱。这样的空间氛围非常接近帐幕之室，之后人们也将其称作主室，像以往一样，经常性地在主室活动，有时忽视了其他空间的功能，造成这些空间没有得到较多的使用，故而出现这些房间少开窗甚至不开窗、陈设太少等情况。

川西岷江上游民族的融合还有一支不可忽略的力量——汉族，尤其明清两次全国移民四川，都存在着汉人步入羌区。加之羌族有"招郎上门"的入赘习俗，许多汉人成为羌人家的上门女婿，这便使住宅融入了较为丰富多样的汉文化元素。比如，中轴对称、神位居中、垂花木构门、"泰山石敢当"等民居文化。不过这些文化元素只是使让羌族民居的文化性变得更为鲜明、强烈，在空间层面并未影响根本。值得关注的是，汉人实行的权力统治让羌人彼此间建立起更加密切的关系，以此实现自保，促使分散状态聚而合之。因此，明代以来聚落渐趋强化，村寨系列的空间孕育发展，如水系中心空间布局等。

当然，汉人远早于明清时代就进入了羌区，拟列式如下（以川西岷江上游地区为范围）：①汉武帝前 —— 先有土著冉驼人；②汉武帝时 —— 冉驼人大部分被赶走，部分融入羌人；③汉代后期 —— 汉人渐入羌，羌人亦到汉区做工；④唐代 —— 汉人驻兵与吐蕃对峙二百年；⑤明、清 —— 大量汉人涌入。

以上列式拟说明羌族到达岷江上游后的两千年内不断地与其他民族交往，也会对居住的形态产生一定的影响。

二、川西羌族民居空间

羌人之前的生存方式以游牧为生，常年居住在帐幕之中。来到川西岷江上游河谷一带后，渐渐以石砌之室将帐篷取代。在构建房屋的历程中，释比担任着羌族的精神领袖。在释比经卷中，有一段唱诵道："羌人自古造邛笼，砌屋垒石半山间，高山平坝都发展，羌人自古聪明传。"这里面把羌族民居选址的分布归纳为高山、半山与平坝，为人们在空间上提供了一些可进行剖析的契机，提供了线索来研究一层牲畜围栏、两层居民居住和三层阳光晒台的羌族空间模式。

岷江上游的河谷大部分都是高山峡谷，平坝也极其稀少，耕地牧场在斜陡坡上分布。如果充分考虑到发展生产的需求，那么建筑的特点十分显著。如果再考虑到防御与生活因素的影响，建筑空间就有了更为显著的束缚。因此，羌民居空间选择临坡傍岩修建，这是羌人依赖农业又不舍放弃畜牧生活，两者都得顾全的空间形式。

无论在西北天水，还是在岷江河谷一带，在远古时期都有"阪屋"存在。历史学家已经证实，阪屋的意思就是板屋，是干栏式建筑。羌族民居的下层空间形式最初是从河谷附近的干栏式空间发展而来。那时作为底层的空间亦像现在临江河的干栏底层一样，多用于存放一些废弃或是不值钱的东西，是不具备使用功能的。值得一提的是，西北羌人来到岷江上游之后促进了下层空间的改善，一方面是牲畜空间容量的增加，另一方面是因为岷江上游一带气候多风寒冷，从而导致底层墙体周围渐成一个封闭的形态。封闭墙体不仅为二层、三层的居住空间提供了材料条件 —— 黏合力极强的泥土和无尽的片石，而且可以增强墙体的承重能力。当时岷江两岸的山上密布大片原始森林（现在高山附近仍有不少原始林或次生林），羌人既可建造木构民居，又可修建石砌民居。底层空间形态的发展，应该是冉驼人和羌人相互融合的呈现，是双方为生存发展而做出的补充完善。这或许是平坝与高山台地还较为充分地留存着底层空间的缘由，当然，这只是推测，

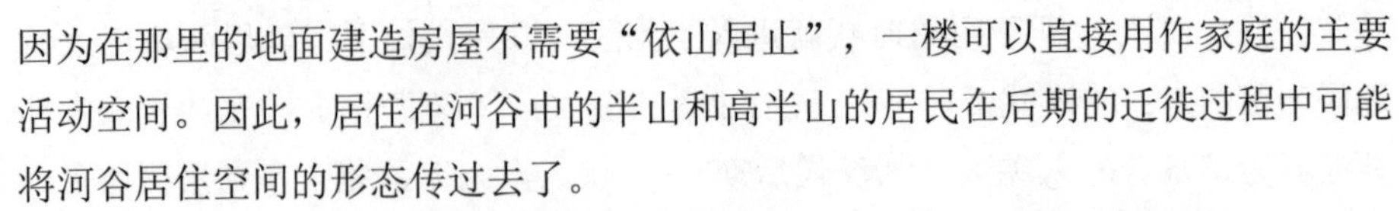

因为在那里的地面建造房屋不需要“依山居止”，一楼可以直接用作家庭的主要活动空间。因此，居住在河谷中的半山和高半山的居民在后期的迁徙过程中可能将河谷居住空间的形态传过去了。

无论是处于哪种地形地势的羌民居，居住的空间形式大部分都为三层，河谷地带是其起始源头，逐步发展至半山、高半山，个中不仅有土著冉駹人的原因，也有南迁羌人的原因。

第二层作为主要的活动空间，直接受一层平面布置的限制，游牧时期的羌族居民的帐幕内只有一个房间。面对如何分割、组织比原来宽大得多的石砌二层空间的问题，就形成了现在所看到的二层主室既有帐幕内空间的特色，又具有农业文明的空间的特征。其核心是火塘，火塘来自帐幕空间，放在室内空间取暖，在主要空间中起中心作用。农业文明、宗教意识、宗法伦理的结合赋予了火塘文化内涵，它形成了一个轴线依托，让火塘的东、南、西、北几个方位有了长幼尊卑的排序，和神位香火同一轴线。相较之下，其余空间的分割缺乏了种种根据和传承，产生茫然和随意之感。如主室内还有许多地方的照明、通风、物品放置等不好，其他空间的长度和宽度都太窄。不过，这正好保留了原始帐篷空间的风格。二层空间成为游牧时代向农业时代过渡的空间产物，让人们看到山外封建制度强加在民居上的要求。羌人居住于大山里，封建统治无法触及，反而留存了这一历史的空间见证。因此，二层空间是羌民居文化的核心。

羌民居的顶层空间凝聚着十分丰富的想象力。平台具备遮风避雨的保暖功能，羌人在此基础上建造了一间半封闭小屋，在小屋之内划分出了用于联系顶层与二层之间的楼道，其余大部分空间用于暂时放置没有干燥的粮食。因而，顶层便具备了较为宽敞的晾晒粮食的平台，也具备半开敞的小屋。小屋称作罩楼，让封闭和开敞空间构成过渡性的空间，造就了空间组合的完整与递进的顺畅。在外观上，正面、侧面各自富有造型变化，并不单调。

有学者认为，顶层罩楼深受藏族经楼的影响，此外，在河谷地带文化发达的村寨中，顶层罩楼也曾受汉文化影响，部分空间改作书楼。但笔者认为这些都不足以证实罩楼的产生原因，真正的原因很可能是直接源于羌民族或冉駹人生产生活的实际需要，为收获的还未完全干透的粮食寻找一个可以暂时存放的空间，从而有助于时刻在晒台上进行曝晒，完全干燥以后再下二层永久地保存。此外，二三层楼道间具有较大的开口，应当搭建一个小楼棚遮蔽风雨。因而，罩楼应是根据“小楼棚”发展而来；不过仍有极大部分的羌民居顶层并没有罩楼，虽然也有一些地方也许适度借鉴了藏族的经楼形式，但也仅仅是搭了一个楼棚用于顶层的楼道出口而已。羌民居外空间突出鲜明的个性受到历代人士赞颂，和西洋建筑较为接近，显得十分宏伟。

三、川西羌族民居结构

羌民居以围护墙和内部木柱作为承重，以泥、石、木混合结构为主。承重大致分为三类。

一是以茂县一带最为典型，空间跨度在 2 丈左右，将梁直接搁在石砌墙上，梁端进墙讲究“5”数，或 5 寸，或 4.5 寸。这种类型的用料尤其粗壮，径约尺许，圆木稍加刨制即可铺设，形成楼层后再砌墙直到屋顶。

二是进深 3 丈 2 尺（10.66 米）者，由 4 根柱头排列组成，其中两柱靠墙，柱距丈许（3 ～ 4 米），另两柱形成中心二柱。若进深在 2 丈 1 尺者，则以 3 根柱子排列，即两柱靠墙，另外产生中心一柱。此种方法实则是其柱支撑主梁，墙、柱共同承重，梁上再横铺楼板。

三是在汶川以东一带，内部使用汉民居穿斗木构，墙体与内部木构框架分离，石砌墙只发挥着安全防护的功用。石墙的优势在于能够一次性地完成施工且有效避免了穿斗较易歪斜的弊端。

羌民居结构和空间划割有一定的联系，具有支撑柱的空间通常为主室，也就是一般俗称的“堂屋”，占据住宅的 2/3 空间。居室与杂物间的重要性并非十分突出，因而开间比较微小，布置十分任意，或者采用石砌隔断，或者采用木板隔断，根据实际的情形予以明确。层高一般 8.5 尺（2.8 米）到丈许，亦没有明确的规定。

羌民居结构受“5”数影响甚大，这和汉族民居受到数字的影响十分接近。其中的缘由在于，大家认为这是一个吉祥的数字。比如，梁端搁进墙内 5 寸或 4.5 寸、门高 5 尺 5 寸或 5 尺 7 寸 5 分、门宽 3 尺 5 寸等；还有净高 8 尺 5 寸、三层罩楼 6 尺 5 寸，甚至墙体从底层到顶端的厚度亦紧紧扣住“5”；各层也必须有 5 数，如底层墙厚 2 尺 5 寸、二层 2 尺 5 分、三层 1 尺 8 寸 5 分等。这是只有羌民族才会出现的建宅特征。

对结构产生影响的因素有很多，风俗习惯也表现为其中一种，但较为突出的是屋顶的做法。多数羌民居的屋顶同时亦作为晒台，四周有女儿墙或片石嵌边，在这基础上再加罩楼。排水时利用屋顶略加倾斜的角度形成散水坡，再引水流向墙边开洞，同时再外接水槽进行导水。而岷江河谷一带的屋顶将梁全搁在墙上并有程度不同的出檐，利用墙体承重。但各地在屋顶材料和结构的选择上大同小异。一般情况下，先将圆木排成行列用作梁，其次再铺柴块、长竿、杂木、树枝、竹、麦草、耐寒枯草等材料，最后在这些材料上面加片石、黄泥，拍打坚实之后就宣告完成。层层叠加下来，厚度可达 60 厘米左右，形成厚厚的石泥木的结构层。有的底层墙厚可达到 1 米，这一般源于对承重墙体的厚提出的相应的要求。

值得人们关注的是，在选址时要着重关注底层靠近山的一面岩坡的硬度以及二层空间进出的便捷程度，大门大都开设于二层，原因是底层接近山的一侧通常作为墙体。因而，大部分的羌民居靠山一面的墙体是从二层开始砌筑，更有甚者几乎全部利用原生岩坡作为墙体，仅在屋顶晒台上的罩楼处才开始砌筑，并直接在墙上开后门，为日后生产生活方面提供便利。

四、川西羌族民居习俗

“安家立业”也是羌人的民俗，一般年轻人结婚成家后会新建新屋，也有随家庭成员增加或经济条件改善而新建住宅的。

对于家庭来说，新建房屋是一件神圣而重大的事件，这需要较长的时间和巨大的财富支撑。建造程序包括了备料、测期、选址、开工、上梁等，程序庄严并具有十分强的仪式感，从这些程序和仪式可以看出，羌族建造房屋的文化与汉文化有许多相似之处。备料，一般来讲，在新建前两三年或更长时间内便开始备料，等建筑材料和钱筹备差不多了便正式新建房屋。这个过程中，民俗文化和宗教信仰发挥着十分重要的作用。他们会请当地德高望重、可信赖的端公（释比）根据家庭成员的生辰八字推测修建房屋的大概时间段，然后根据风水文化选址。羌族风水文化也受汉人风水影响，如“门对青山，坟对仓”等。再后面便是确定开工动土的日子，这个日子必须为农历的双日子，非常重要，当日会举行隆重的仪式，如杀红公鸡或牛、羊，将鲜血浇淋在基石的上面以祭祀神灵，主持仪式的端公或掌墨师会讲许多吉祥寓意词句，同时鞭炮齐鸣，展现出一番吉祥热闹的景象。

上梁是整个建房最为重要、最为隆重的典礼，该典礼的成功完成也预示着新建的房屋可以正式为“屋”了，有点类似于成人之礼。在这个典礼上，同样由端公或掌墨师主持，仪式上所需的用品一般由母舅方提供，其他仪式基本与汉族地区上梁的仪式相同，掌墨师的念词也几乎相同，体现了羌汉文化的交融。

羌族为泛神信仰民族，所以在建筑的周围和室内供奉了多种神明，如白石崇拜、角神、树神、牛神、羊神等。以羌寨为例，很多人家都选择在屋顶上种植仙人掌之类的植物，并放置到轴线上，从而表达对其在干旱环境中依旧保持翠绿的钦佩。总的来说，羌民居的屋顶部分是其整个空间里最为丰富多元之处，彰显了丰富的羌族文化，在客观层面上发挥着装饰空间的良好作用。

羌民居的门文化也受汉族民居文化的影响。羌族常言“千斤的龙门，四两的屋基”，与汉人居住较近和交往频繁的区域，许多财力较好的家庭按照汉人垂花门的形式修门，并在门前左侧安放“泰山石敢当”用于辟邪，不过雕刻形象体现的是羌族特殊的文化艺术。仅就“泰山石敢当”而言，它涉及全部的羌族村寨，比垂花门遍及的地区更为宽广，它和门神相偕同行，成为汉族民居文化与羌族文化融合的典型代表。羌民居龙门（垂花门）在一些地方无论形制甚至构件、图案皆和汉民居垂花门无异，原因是门的作用与象征，尤其是门神秦叔宝、尉迟恭正义之神喻义，被国人一致推崇，能够较易为羌族接纳，也充分体现出反对邪恶是不同民族共同的追求。

五、川西羌族民居的类型与实例

羌族民居可以划分成三大类型，即碉楼民居（碉房）、一般石砌民居（邛笼）、坡顶板屋（阪屋）。

（一）民居的类型

1. 碉楼民居（碉房）

碉楼民居（图 3-3）是以空间作为划分依据的住宅类型，划分的标准唯有空间特征和形态，即住宅和碉楼具有直接的空间关系。它具有十分鲜明的私密性，是为了家人享受良好的生活而修建的。碉楼与住宅原本功能完全不同，形态也不同，并且地域上的亲和性具有较为明显的区别。例如，在杂谷脑河下游河谷地区的碉楼民居中，大部分的碉楼与住宅都各自建筑，不过两者修建得十分临近，约一米，有过道相通，从而构成两种空间形态唯一的亲和点，而其他如墙体、瓦不挨边，此类碉楼民居多分布在杂谷脑河两岸台地上。在两岸高半山台地上的碉楼民居中，碉楼与住宅之间保持着更远一些的间距，而且没有墙围起与住宅连通，就像是彼此毫无联系，但又确实是私家碉楼。其中的缘故是如果高半山地区出现敌人前来侵犯，那么信息便会较早地传到寨中，如果距离敌人还具有一定的时

间，便可以较为及时地躲避到碉楼里，不需要将碉楼与住宅修建得间距过小或者通过门道彼此连接，布瓦寨便存在着这种类型的典型建筑。

图 3-3　碉楼民居

完全把碉楼融入住宅中，多集中在黑水河流域，此为碉楼民居空间概念纯度最高的地方，也是碉楼民居数量最集中的区域。原因是此地历来为统治者多次征剿的重点，又是内部械斗频繁之地。碉楼融入住宅中，不仅体现了防御的纵深层次，还体现了各家自保的防御意识。因此产生了各种不同的、极具空间想象力的若干碉楼民居的平面创造和空间组合，是羌族碉楼民居类型中的精华部分。

综上，羌族碉楼民居实质上又分成了三种空间模式，即碉楼与住宅分开型、碉楼与住宅有过道相连型、碉楼融入住宅中型。

2.一般石砌民居（邛笼）

从较为严谨的视角来看，“石砌民居”这一概念并非十分精准，主要缘由在于碉楼民居以及人字坡屋顶的板屋围护的墙身大部分也采用石砌。碉楼民居具备与碉楼差异显著的空间组合，板屋也存在着坡屋顶的鲜明空间特征。因此，这里采用“一般石砌民居”（图 3-4）分法以区别于前两者。

图 3-4　一般石砌民居

一般石砌民居也就是古代的“邛笼”，古人称其高二三丈。这种类型的石砌民居的高度具有较为显著的差距，楼层处于二层至五层，高度在 4 ～ 20 米幅度内。古人认为石砌民居最为常见的楼层数是二三层。

如果对一般石砌民居以楼层多少作为标准分类型，那么就会出现以下几种情况：三层石砌民居占据多数，三层以上石砌民居占据少数，三层以下石砌民居占据最少数。综上三种类型才真正构成了羌民居中石砌（包括土筑）民居的全部。

土筑民居分布在以布瓦寨为重点的少部分村寨中。除墙体材料不同之外其他一致，故不作详述。

3. 坡顶板屋（阪屋）

坡顶板屋（图 3-5）和干栏建筑有着直接关系，其最显著的特征是石砌墙的立面之上或全部或局部有坡屋面的屋顶或“人”字顶，或者单面屋顶。上面或为小青瓦，或为薄石板材。外空间的样式与平顶石砌住宅的差异十分鲜明。但是在内部空间上，一定要为对应的穿斗木构，从而连接起外部的坡屋顶，这样才能够称作坡顶板屋。而板屋的“板”，可以是柱枋之间的木质壁板或内部作隔断的木墙板。

图 3-5　坡顶板屋

更为常见的情况是，一座羌民居并非全部都处于坡顶屋面的覆盖下，只是部分存在着覆盖。有的一半空间覆盖，有的仅由罩楼覆盖，有的两平顶房中间夹一坡顶房，有的只有偏厦有覆盖。本质的意义都是内部必须是木构框架或若干木柱作为支撑，这就是坡顶板屋整体的概念，而不必思索覆盖的坡顶面积与方位。

坡顶板屋形成的本质缘由是气候。《寰宇记》记载，“威、茂古冉陇地，亦有板屋土屋者，自汶川北东皆有……”，所谓“东”者，即今绵虒乡一带，包括羌锋寨、和坪寨等各寨，甚至瓦寺土司官寨。这一地带是温湿气候带和干旱河谷地带的过渡地区，其间距离仅数十公里，上述各乡正在这一范围之中。砂泥铺作的屋面仅 1% ～ 2% 的散水坡斜度，大部分都无法承受大量雨水的袭击，只有具有较大倾斜度的坡顶才能够较好地适应这样的气候，因而在古代时期“汶川以东”便形成了坡顶板屋。不过这一带海拔在 700 ～ 1000 米的河谷，气候温和，不必完全采用全坡顶，厚屋面封顶就能保持室内的暖和。

另外，“威、茂冉陇”地的“威”即汶川，“茂”即今之茂县。在今茂县岷江支流偏远地方还可发现羌石砌住宅中的干栏现象，即外墙围护仍是石砌墙，但不承重，内部木柱排列，形成穿斗框架，一派干栏遗风。屋顶则是平顶，亦是雨少原因，逐渐变成更保暖的平台顶，如永和乡诸寨民居即是如此。各地也还散落保留坡顶遗迹，已不作居住之用了。

坡顶板屋在古代亦有“阪屋”之说。巴蜀史论家谭继和先生言：“阪屋就是干栏。”《诗经 • 小戎》也言羌族地区之板屋为“西戎板屋”，板通阪，亦为阪屋。

坡顶板屋外空间形态因其上半部分有小青瓦覆盖或石片材覆盖，很多人认为这是受汉族瓦屋顶影响的结果，但这样的影响并不显著，其中的缘由在于所有的影响只有与本地的自然文化接近才可以被接受，如外来文化引发了人们的不适应与隔阂，那么影响便会消失。

在平面的关系上，坡顶板屋与一般石砌住宅并无本质的区别，以二层或一层的主要活动层看，主屋依然占据着统领性的位置，里面设置着火塘与神位，呈现出十分鲜明的中心支撑柱的现象，属于家人的活动中心区域。如果从各层空间的功能分配予以分析，底层用以畜养，二层主室、卧室、厨房、储藏室，顶层仍以晒台、罩楼为特点。最为鲜明的差异在于罩楼顶转变成坡面，或者改成阁楼，阁楼还开设了房间，这是同平顶罩楼运用上的一个差异，事实上，结构上，大部分的罩楼都不必借助石砌墙的承重，或全部、或部分自立木构框架，这一点和平顶罩楼立在顶层、结构全依赖于下面各层区别甚大。所以，坡顶板屋的整体空间形态具有汉区木构瓦屋民居向羌区全石砌民居过渡的浓郁色彩，故一般认为受汉式建筑影响，当然此为表层的认知。

（二）民居的实例

1. 碉楼民居实例

（1）桃坪寨陈宅

陈家为桃坪寨形成之初的几户人家之一，住宅兴建估计在明末清初。桃坪古称“桃朱坪”，为通往大、小金川的古驿站。从附近挖掘出土的大量双耳罐看，在这片冲积而成的坡地上，至少汉代就有相当发达的农耕作业与文化。

陈宅居于寨中心位置，外空间呈阶梯状，以各层晒台形成梯面，外墙石砌并承重各层木构，后面有碉楼和住宅在二层相通，相距约有 1 米，中搭石板成通道。住宅四层，碉楼七层，平面呈狭长方形。内部空间组合随意，以方便为宜。由于宽度有限，尽量纵向发展，从而获得两个晒台，此于羌民居中是不多见的。在和碉楼的空间联系上，尽管并未将碉楼归属于住宅的范畴，然而两者间保持着十分近的距离。空间彼此呈独立状态，但碉楼具备十分强烈的私家属性，加上两层连通，组合十分独特。在木构系统中，二层入口处形成过街楼，有精湛汉式花窗、吊柱，内部楼道加花栏杆，能够感受到汉民居文化的影响。碉楼顶层与六层从置梁处向外伸出挑枋，于其上搁置木板，形成两层出挑的挑台，也是如今羌寨里十分少见的情形。也许是受到汉阁楼重檐的显著影响，认知起来十分特殊，具有观察的作用，属于建筑文化交融里的巧妙创作。这种碉楼与民居的配置相同，

洋溢着古典的气息。此外，木构外观上具有十分丰富的雕琢，均被羌风大气改造，与石砌的粗犷相得益彰，形成动人效果。

（2）布瓦寨龙宅、陈宅

龙、陈二宅和一般羌民居的不同之处是仅有二层，它和大量石砌民居中的平房共同构成除三层民居之外的类型。因其不具羌民居的典型性，常被人忽略，实则可能是羌民居中最具原始色彩的建筑。

龙、陈二宅碉楼和住宅与寨中其他大部分民居一样，均为土夯墙体构造。碉楼土夯可高达 20 多米，住宅反倒仅为平房，高不过 5 ～ 6 米，可能与寨子选址在较斜缓的坡地，建房用地回旋余地较大有关系。另外，碉楼的多层空间被充分用以储藏，亦等于取代了住宅三层的作用，若住宅再建三层，无疑是劳民伤财之举。所以布瓦寨碉楼曾多达 48 个，战时防御，闲时储藏粮物，一举两得。这里是羌寨中碉楼民居最多的村寨之一，原因即为充分利用各空间功能的使用时差，物尽其用，取长补短，互为完善。故羌碉楼民居中，唯布瓦寨别具一格，即土夯为特色之一，住宅仅二层为特色之二。

2.一般石砌民居实例

（1）老木卡寨杨宅、余宅

老木卡寨杨宅为寨中历史最古老住宅，建于明末清初，其选址、布局最能反映出三四百年前羌人的居住意识。住宅依山而建，底层与二层利用原生岩靠山一面，不作石砌墙，三层起始作墙体。这种主要活动空间的二层都一直依附岩壁的方法，在羌民居中也是不多见的。住宅因此直上四层，造成东面墙高几近 20 米，算得上羌民居中的高楼。由于地形狭长、坡陡，平面亦变得狭长。为进出方便，在二层南北向各开一门，以南向为大门，防北风的侵袭。同时又给四层上的晒台提供了面迎东方、利于曝晒粮食的条件，这种选址为羌宅习惯阳山朝向的一般规律，亦是十分科学的。

余宅建造年代为 20 世纪五六十年代，仍遵循古老的选址意识，依山傍水，大门朝南，晒台面迎东方，底层畜养。不同的是设置火塘的房间变成了客厅，并和厨房分开，里面多了一层，这是由于现代主客有别，空间功能不同则划割不同。

（2）通化寨张宅

通化寨是羌寨向场镇发展的一类空间模式，地处古代通往藏区的官道，大路从寨中通过。或因有汉人来此经商，或因羌人临街而居兼营小买卖，因此路旁住宅存在尚未发育健全的前店后宅或民居。张宅平面有强烈中轴对称的倾向，但又不像汉民居店后留天井、留厢房的做法，而是全封闭于一体，并在宅侧开两道入口，把全宅疏通。从正门进来不能直通全宅，底层分成三段有些不便，估计仍为安全着想。内部空间奇特，各层高低错落，木结构用料豪华，做工羌汉风格参差交融。空间变化神秘莫测，尤其二层表现得淋漓尽致。亦可说是羌民居理解和吸收汉民居文化的又一佳例。

3.坡顶板屋实例

（1）桃坪寨张宅

张宅在中华人民共和国成立前为川主庙，后为高山针头寨，张国清迁移居住至今。该川主庙由早先民居“舍宅为寺”而来。因而，张宅的氛围体现出十分鲜明的四合院的意味，不完善又显得十分随意，体现出山间悠闲居室的风韵。最受人关注的是木构干栏厢房，由于其吊脚在溪流之上悬置，与前厅主室的形态、造型与色彩形成鲜明的比较，是该舍建筑的核心空间表现。这是坡顶板屋的又一种特色。

寺庙较为显著地借助吊脚楼空间上的变化，合理地依仗木构特定的形态风貌，镶嵌在石砌空间之中。该建筑不仅视木质材料为高贵的材料，它放置到寺庙卧室里，也表达着对人的珍视与敬重；同时又把木构栏看成寺庙空间，具有不同于当地石砌空间的一种别致，或称为一种艺术，从而引发香客与信徒前来朝拜。作为泛神信仰民族，羌族的川主庙大有“干栏神”的隐喻于其中。所以，张国清宅的干栏支撑柱并没有落下河岸，真正在功能上解决“滨水而居”的问题，而是移退数尺，在并无水患的小溪岸上立柱建房，同时使人感到坡顶板屋是对祖先遗制的崇拜和祭祀。

（2）和坪寨苏宅

和坪寨地处岷江北岸半山腰上，和羌锋寨直线距离约3000米。一个山上，一个河谷，但同属一个气候环境与一个文化圈。苏宅反映出来的空间特征和羌锋寨同属一类坡顶板屋形式。

苏宅是石砌围护墙内，全面追求干栏柱网的空间形式，但柱网以中心四柱为核心而展开。表面的外空间仅出现东西向顶层瓦屋面，内部为全部木构承重，是和羌锋寨汪宅同一种模式。特色是东向木阁楼和晒台形成跃层，虽高差几步楼梯，却让阁楼流露出雅致的气息。由于其东侧面临岷江的河谷，身处其间，明显能够让人获得居高临下的体验。同时能够尽情地观览山川与河流，充分抒发自身

的情感。坡顶板屋向文化内涵丰富的层次推进，是羌民居在农业文明成熟前提下的一种自然延伸。空间虽小，底蕴却厚重。

六、川西羌族民居的细部与装饰

（一）门

羌民居的门丰富多样，十分明显的是，它与其他空间元素都较为充分地彰显出了各宅的空间和文化特征。实际上，其中也存在着一些具有相同规律性的事物能够探寻，如垂花门的样式大都较为相似，不存在较为显著的变形，部分地方住宅以宽大的单扇门为局部流行样式。羌族地带的民居建筑一般尺寸为“五”的倍数，尺寸最后一位数带有“五”这个数。这些习惯上的事项是羌族人民把这些习惯和偶然性的事项逐步统一，以达到规律性。综上，从艺术的角度考虑羌族建筑房屋的门的开发是一个很大的创造形式，而材料和技术等其他问题则处于较低的位置。

1.垂花门

通过实地考察，川北羌族民居的垂花门集中出现在杂谷脑河下游和汶川岷江下游。羌族地区与汉族地区在物理空间上的距离不远，受到汉族文化的影响，但也保留了羌族独特的形式，不过没有保留完整的清代建筑形式，其原因之一是建筑的主体体量有了变化。或为羌人学习了其余地方的建造方式，回家自建；或汉工匠学习羌区的人民“干活路”之作。许多的门作与清朝经典的垂花门的神韵十分相近，它和石砌墙体结合显得刚劲与柔和并重，流露出别样的风韵，特别是局部构造，如吊柱、雀替之类仿制技艺十分成熟，和汉式没有任何差异，类似于以伪乱真。羌族当地人民和工匠更多的是使用当地的石片材料，对于当地材料的利用，充分发挥了“因地和因材制宜”的原则，还通过减少规模达到房屋的快速修建。所有这些修建方式和修建风格都是非常亲民的选择。

垂花门反映了清代土地归还改革对私宅的影响，很容易与羌族人的“千斤的龙门”概念相匹配。但垂花门并不是羌族民居的传统，而是一些流行的风格。更多羌族房屋的大门主要分布在茂县羌族地区，在垂花门的热门区域，有许多个性很强的门。因而，垂花门不是真正代表羌族传统民居建筑的屋门，是受汉文化影响下的产物之一。

2. 一般民居之门

羌族住宅的名称与汉族私人住宅的名称不同。汉族住宅的家门可以称为垂花门（四川地区称龙门或朝门），羌族人称之为门。但门不是定制的，唯一的“5”数捆绑是门，如茂县的门 5 尺 5 寸高、3 尺 8 寸 5 宽等。羌族民居私宅的门的方向代表了住宅的方向。有些门是直接面对的正朝向，但入口和出口在不同的方向，人们会产生错觉，认为需要从这扇门进入。事实上，它已经关闭了很长一段时间。这类似于打开几座塔楼和住宅窗户。比如，楼本五层，从外面看，开窗却有六层或七层，导致外界无法明确其中确切的空间划分情形，其中的缘由也许和传统的防御意识具有一定的联系。若是再考虑到室内空间划分大小不均匀的情况，又具备较多的密室与门洞，那么羌民居即为从外到里的一个立体的独立防御体系，全村寨的防御网络是由各村住宅之间隐藏的道路和门构成。所有种类的防御设施都是从门开始的，由这一视角认真地观测羌民居的门的布局，应当说住宅除了遵循特定的风俗与宗教之外，在很大层面上还应当思考生存的需要。那么，一般之门也应当充分遵照稳固、牢靠的实用性，因此羌族官寨村门和普通人家的门规模不大。门框和门除了用厚木头做之外，几乎全部都是用石头堆砌而成。减少易损坏的木材和门的规模也相当于减弱损伤程度，有效加强防御。此外，用于关闭、具有防御功能的门锁被看作是“防君子”的象征。可见展现优良民俗民风的羌族人家的门有着内外两种潜在的功能，从审美角度说是非常漂亮的门。

川西的理县、汶川县及河谷区域的羌人对垂花门情有独钟，除了汉族居住地文化的影响外，这个地区的气候比茂县和一些高山地带的气候温和。因此，密封性差，保温性能要求不高的垂花门被羌民族人民所接受。在高山地区能够保持独特风格的门，与溪流河谷地区的文化、气候、文化背景有些不同。例如，不同审美性质的、宗教的习惯等，没有体现在形状和结构上但主要是考虑到门的安全性、防护和保护温暖功能的门；门凳、门簪、门神、门联与旁立“泰山石敢当”等拥有众多住宅文化的门的作品。这些不仅不会给贮存、御寒和温暖带来负担，还不会破坏传统的实用形式。大部分的羌民居都是根据自身的心意创作的，促成较为丰富的外表，这在其他民族中并不常见。此类观点并不是否定“千斤的龙门”，而是从实质上对于后者的赞同。

此外，值得注意的是，如今羌族依然留存着较为质朴、十分实用的木钥匙与木锁等与门配套的设施。有些门栓在门外，所有人都能够开启，属于“门概念”

的完善。这样的构造也能够看出羌民族具有十分优良的风气，值得颂扬。

（二）窗

有关专家研究，羌族传统民居最早的窗户是用藤、油竹和树枝做成的，然后是黄色的泥和麻线混合在一起，被称为篱笆窗。随着社会的进步和住房改进，窗更多的要求是为了通风、照明和防卫。但是，不同地方的特定条件不同，窗户的形状有各种各样的形制。总结如下。

1.斗窗

在羌语中，斗窗也被称作“黑斯模”，其剖面形状像是漏斗，主要设置在住宅二楼厨房的墙壁中、上端。窗户洞里有一根圆而细的木棒，从外观上看像漏斗，所以称作斗窗。其呈现出来的特征为内大外小，光线宜人，十分坚固，能够遮蔽风雨与烟尘。上边长20厘米，下边长24厘米，宽18厘米，窗底长72厘米，宽54厘米，高72厘米。如果放置到房间的东边墙体上，当阳光照耀，便像是舞台上的追光，能不断地改变视角，主室透露着十分柔和、神秘的气息。

2.升窗

升窗也存在着另外一个别称，即天窗，羌语也称作“勒古”。“升”有两种不同的意思。一个是位于屋顶的阳台上，它相对“下”和“降”有相对上升的意思。还有一个是，“升”是测定过去谷物的工具器皿。10升是一斗。民房的窗户上升是两种意思的组合，名字非常合适。

升窗的特征与内侧和外侧的小桶窗的特性相似，但是中间没有横框。一般来说，位于二楼火塘旁的房间的东或西面。它是由四截树枝、黄泥、石头连接起来的。周围大致呈正方形，边长33厘米；内为正方形，边长66厘米。不仅能够采光排烟，而且能够避免很多的雨雪进入房间中，能够透过天窗使光线照射到房间中预估时辰。

3.羊角窗与牛肋窗

羊角窗一般设置在房子的三楼，窗边木制板和油竹栅栏专门用来换气和存贮粮食、油。当人们把油竹栅栏用作窗户时，他们把油竹弯曲成羊角形的窗户孔，作为装饰性的窗户，并在木板上缝成羊角形。牛肋窗和羊角窗的方向、构造、功能非常接近，但窗户的形状像牛的肋骨，羌人将其称作“索窝人格”。迥异的是牛肋窗不仅能安装于墙上，而且可以采用梳弓锯锯在木板上安装，牛肋窗的鲜明特征在于光亮充足、较为透气。

4. 地窗与花窗

地窗也称作“印门”，通常建造于住宅的二层，其形状是一方小孔，边长大概是 24 厘米，呈“印”字形，平时用木盖或石板盖严，没有过多的用途。最为常见的是各式各样的花，皆为模仿汉民居的窗作。

（三）家具与室外景观

羌族民居有壁架、桌凳、椅子、米柜等主要家具。在无水磨的高山村寨，一些人家自备石磨。在靠近墙壁的地方，四块大石板会插入一个长方形的水箱里，而山水则会通过简单的水沟进入家里。锄、镰刀、纺锤、斧头、狩猎刀，经常挂在墙上或橱柜上，展示了传统的生活方法以及狩猎和畜养家畜的方法。

值得注意的是，房屋旁边的屋檐下面的蜂巢等内部和外部有不可分割的家庭的副业设备，女儿墙上垒砌摆满金灿灿的苞谷（玉米），罩楼里挂满红海椒和山货干杂，都较为充分地表现出羌民居石砌建筑丰厚的韵味。尽管这些事物并非民居建筑的构成，却十分合理地装点着民居，它与民居周遭的环境一起营造了深厚的羌族建筑文化。因而，欠缺环境的民居显得并不完整。若是修建民居时完全不考虑环境的配置，那么整个建筑便显得十分无趣。

第四章
实用自然的川西彝族建筑

任何建筑都是在一定的自然环境和人文环境中逐渐发展起来的，川西彝族建筑同样如此。彝族人认为，可以培育农作物和家畜的地方是有生存基础的地方。因此，他们的建筑多设置在依山傍水、林木环绕的高山区向阳之处。村寨里经常以某父系的“家族”为基础，一部分是依照婚姻关系的联系。由于川西彝族聚居地区特殊的自然环境和彝族人独特的文化思想，该区域内的彝族建筑体现出了简朴、自由的风格特征和深厚的彝族文化内涵。在这些建筑中，作为彝族人民日常所需的民居建筑有着丰富的类型和巧妙的营造技术。本章即对这些内容进行系统阐述。

第一节　川西彝族建筑形成的自然文化环境

在不同自然文化环境下，人们对建筑的审美意趣和构造方式有所不同。在彝族人眼中，山水是生存发展的必要条件，聚居习惯是社会安宁的基础，民族习俗是不可或缺的社会活动。因此，川西彝族建筑大多集中建筑在山水环绕、风景秀丽的山林中，并凸显一定的彝族文化内涵。

一、自然环境

彝族大致居住在东经 98° ～ 108°、北纬 22° ～ 29° 的西南山岳地带，聚居面积约 50 万平方千米。川西彝族主要聚居于凉山彝族自治州，乐山峨边彝族自治县、马边彝族自治县，攀枝花市郊区及米易县、盐边县，雅安的汉源县、石棉县，甘孜州的泸定县、九龙县等地区。这些地区位于横断山系中段，属于中山峡谷型地貌，山地海拔多在 3000 米左右，个别山峰海拔超过 4000 米。境内群峰叠翠，主要山脉有小凉山、锦屏山、小相岭、大凉山等，金沙江、大渡河、雅砻江穿越而过。川西彝族地区属于亚热带半湿润气候区。全年气温较高，四季变化不明显。日温差大，早寒午暖，年温差小，年均气温 12 ～ 20℃。一般来说，川西彝族地区的自然环境可按气候情况分为高寒地区、寒冷地区和温和湿润地区，下面以凉山为例加以分析。

（一）凉山高寒地区的自然环境

高寒地区位于凉山州西部，主要包括木里藏族自治县（图 4-1）、盐源县（图 4-2）、冕宁县（图 4-3）、越西县（图 4-4）和喜德县（图 4-5）。因处于青藏高原的东南缘，这些地方山势陡峭，海拔在 2000 ～ 5000 米，年均气温 12 ～ 14℃，属于亚热带季风气候区。同时，由于山川纵横，海拔差异大，气候又呈亚热带高原季风气候。从地图就可以看出，凉山高寒地区临近汉区，而且是“南方丝绸之路”的必经之地。从族源的角度讲，高寒地区的彝族是从大小凉山地区的彝族迁徙而来，此地的原住民是以尔苏人（藏族一支）为主。由于长期的文化交流，当地彝族建筑融合了汉区建筑和尔苏民居的综合特点，在设计和使用功能上都比较注重实用性（图 4-6）。从位置上看，山顶日照充裕，植被丰富，但是常年寒冷，人烟稀少，主要建筑是放牧休憩所需的棚房和简单的木楞房（图 4-7）。山腰地理条件则比较好，阳光和雨水适中，植被丰富，建筑主要以生土式木构房为主。

图 4-1　木里藏族自治县自然风光

图 4-2　盐源县自然风光

图 4-3　冕宁县自然风光

图 4-4　越西县自然风光

图 4-5　喜德县自然风光

图 4-6　凉山高寒地区的建筑

图 4-7　木楞房

（二）凉山寒冷地区的自然环境

寒冷地区位于凉山州东北部，北与乐山相邻，东与云南昭通接壤，主要包括甘洛县（图 4-8）、美姑县（图 4-9）、雷波县（图 4-10）、昭觉县（图 4-11）、布拖县、金阳县、普格县和西昌市。因处于大小凉山的腹心与边缘地带，该区域海拔在 1000 ～ 4000 米，年均气温 12 ～ 18℃，属于亚热带气候区。同时，由于海拔相对高差很大，气候又呈亚热带山地立体气候。大凉山是横断山脉东侧的平行山脉，东西两侧均为相对海拔较低的河谷。山脉位于为四川盆地西面；西面美姑和昭觉县一带为山原 —— 安宁河谷（州府西昌所在地），为四川省第二大平原，此处有丘陵起伏，丘陵顶部平坦，故林业和牧业发达；东南侧为金沙江河谷地带，河谷深切，地面破碎。美姑县、昭觉县和布拖县的彝族人口高达 95% 以上，因此这些地区属于凉山的腹心，被视为凉山彝族最核心的文化区域。甘洛县、美姑县、雷波县、昭觉县主要讲“依诺”土语，俗称“大裤脚区”，约 40 万人口。布拖和普格主要讲“所地”土语，俗称“小裤脚区”，约 60 万人口。[1]由于地理位置处于凉山彝族的核心区，寒冷地区受汉族文化的渗透微小，凉山彝族的本土地域文化特征从而被保留下来，尤其体现在建筑方面。同时，该区域有美姑河经过，美姑河为凉山中部最大的河流，因此这里森林资源丰富，有充足的木料可以供给房屋建造。

图 4-8　甘洛县自然风光

❶ 成斌．凉山彝族民居 [M]．北京：中国建材工业出版社，2017：49-50.

图 4-9　美姑县自然风光

图 4-10　雷波县自然风光

图 4-11　昭觉县自然风光

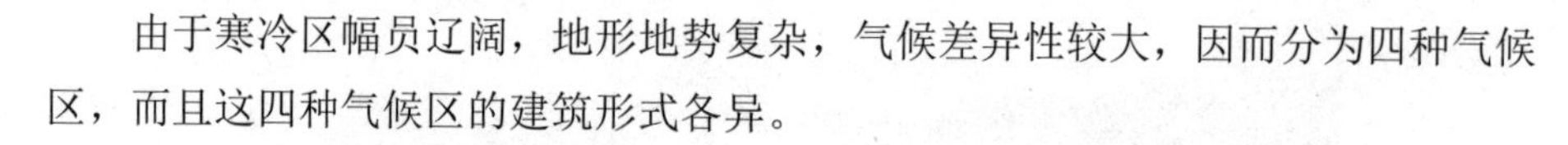

由于寒冷区幅员辽阔，地形地势复杂，气候差异性较大，因而分为四种气候区，而且这四种气候区的建筑形式各异。

1. 南亚热带气候区

南亚热带气候区海拔 1000 ～ 1300 米，年均气温超过 18℃，热量丰富，光热充足，是凉山香蕉、杧果、木瓜、甘蔗等热带作物主产区，且热带风光突出，是典型的河谷地带。此区域降雨量多，土质好，树木少，因此建筑以石砌青瓦房或土墙式青瓦房为主。

2. 中亚热带气候区

中亚热带气候区海拔 1300 ～ 1800 米，年均气温为 16 ～ 18℃，降水量较南亚热带气候区多，空气较为湿润，是凉山的粮油主产区，同时也是凉山旅游资源最丰富的地区。山腰木材相对丰富，以生土木构瓦板房为主。随着建筑技术的发展，围护墙体也开始采用砖砌，但是受力结构仍为木搧架结构。

3. 北亚热带气候区

北亚热带气候区海拔 1800 ～ 2100 米，年均气温 13.5 ～ 16℃，降水量较多，是凉山粮油主产区之一，也是当地重要的旅游区域。山势中高，便于防御。植被良好，木材丰富。因此，该区域产生了民居建筑的高级形式 —— 全木构瓦板房。

4. 温带气候区

温带气候区海拔在 2100 米以上，年均气温低于 13.5℃，气候温凉湿润，是林业、牧业、中药材的集中产区。本区由于热量条件差，且多属寒冷山区，自然灾害多，因而农作物产量低，生产力水平较低。因此，此区域少有人居住，只有少许用来放置柴草或蓄养牲畜的建筑。

（三）凉山温和湿润地区的自然环境

温和湿润地区位于凉山州南部，与云南相邻，主要包括德昌县（图 4-12）、宁南县（图 4-13）、会东县（图 4-14）和会理县（图 4-15）。此区域海拔较低，在 600 ～ 300 米，年均气温为 17 ～ 19℃，属于亚热带季风性湿润气候。又因其在横断山脉边缘处，因此也是山势起伏，部分地区又呈亚热带山地立体气候。温和湿润地区属于多民族杂居区，主要有汉族、彝族、布依族，其中汉族人口较多，彝族人口较少。这里的彝族民居受汉族文化影响较深，全木构瓦板房较为鲜见，但喜欢以家庭为单位，聚族而居，突出体现在建筑风貌和装饰上。

图 4-12　德昌县自然风光

图 4-13　宁南县自然风光

图 4-14　会东县自然风光

图 4-15　会理县自然风光

综上所述，独特的地理环境和气候条件，加上数千年的民族习俗文化特点，川西彝族形成的生产生活方式为牧业结合农耕的方式，以分散结合群居为主。

二、人文环境

川西彝族是彝族的一个分支，它是彝族文化的一个重要组成部分，其风土人情可以从彝族中窥见一斑。彝族在历史的长河中孕育出了绚丽多彩的民族文化。彝族是中国各民族中自称和他称最多、支系最复杂的民族。彝族的自称主要有诺苏颇、那苏颇、聂苏颇、里颇等，他称主要有黑彝、白彝、红彝、花腰彝等。在生产力落后的历史阶段里，彝族的祖先为了生存和发展的需要而产生了分支，具体有武、乍、糯、恒、布、慕 6 个分支，分别迁徙到四川（大部分在川西）、云南、贵州等地。经过长时期的历史发展，形成了几个较大的支系，如阿细、撒尼、阿哲、土苏、诺苏、聂苏等。

彝族人称他们自己的语言为“诺苏”，属于藏缅语族彝族语支。彝族不同于羌族，它拥有属于自己的文字。“诺”，彝文中是“黑”的意思，“苏”是“人”“族”的意思。由此，“诺苏”的字面意思就是“黑人”“黑族”，其书写方式经过了一个漫长的演变过程（图 4-16）。彝语分北部、东部、南部、东南部、西部和中部，并且它们之间的区别很大。

图 4-16　彝语“诺苏”象形演变简示

彝族最重要的节日是火把节和彝历年。每年农历六月二十四的火把节是彝族人最为隆重的节日（图 4-17）。此时，彝族山寨家家户户都要宰杀牲畜、准备茶和酒，并燃点火把来欢庆节日。彝族新年又叫彝历年（11 月 23 日～ 11 月 26 日），彝族人会在这三天里祭祀神灵、自然和祖先。

图 4-17　彝族火把节

毕摩是彝族的文化信仰。毕摩，是彝语的音译名词，毕是吟诵、念诵，摩是老人，毕摩就是老先生、老知识分子的意思。在彝族初期的时候就出现了毕摩，是原始巫术和自然崇拜的产物。在彝族人看来，毕摩是他们宗教活动的传承者、沟通者和组织者，负责与神、鬼、人沟通充当中间角色。在彝族人的生活中，重要事件的决定，如婚丧嫁娶、搬迁新宅等都涉及毕摩仪式（图 4-18）。

图 4-18　彝族毕摩仪式

彝族人有自己的一套崇拜体系，他们崇拜自然山川、日月星辰等，并且逐渐与植物、动物形成了图腾的崇拜。同时，也崇拜祖先。自然崇拜中，以崇拜金石（金属和石头）、山川、日月为主；图腾崇拜中，以崇拜虎、龙、葫芦、竹子、神鹰为主。这些独特的人文环境造就了文化内涵丰富的川西彝族建筑。

第二节　川西彝族传统聚落的选址

通常情况下，人的自然观和社会观会直接影响建筑群体的形式形态。川西彝族地区特有的自然环境和人文环境也深深地影响着当地聚落的选择。具体来说，川西彝族传统聚落在选址造屋时必须注意环境、朝向和布局等方面的选择。

一、川西彝族传统聚落的环境选择

川西彝族属于高山民族，这里的人们过着自给自足的半农半牧生活。村寨周边山、水等资源对凉山彝族人民的经济生活十分重要，村寨选址变化产生有自然主义色彩和防卫性社会特点。具体来说，川西彝族的村寨模式可以归结以下 3 个特点。

（一）半山村寨的选址

1. 半山面水村寨的选址

《勒俄特依》中记载：“去平整地面……一处做成山，山上作为牧羊地；一处做成坪，坪上好放牛；一处做成沟，沟谷水流处；一处做成坝，平坝栽稻处；一处做成斜坡，斜坡种荞处；一处做成山垭，山垭打仗处；一处做成山坳，山坳人住处。”由此可见，后有高山、前有河流平坝的半山山坳或半山平坝是川西彝族先民们村寨住址的选择之处。彝语谚语也称村寨应位于“上边有坡养羊，下边有田种粮”的半山腰，“上面宜牧，中间宜居，下面宜农”，这十分符合川西彝族人民的生活特点，也是川西地区最常见的村寨选址模式。

彝族主要以游牧业为主，农业为辅的经济生活方式，彝族人民主要畜养马、羊等动物，它们主要以山坡上的短茎牧草为食。其主要适宜种植的旱地作物荞麦、土豆、玉米都需要种植在高山山坡上。同时，寨前要有河流，作为村寨所需的水源。需要指出的是，这种选址模式很符合《勒俄特依》诗句中提到的“沟谷”，即以源于山顶—流经半山—注入河流的沟谷水或山泉泉眼为主要水源，而并不是直接取用河流水。

半山村寨附近的山水布局有明显的特点，选址地（龙穴）后面是一座山（玄武山），左右两侧是侧山（青龙、白虎），下面是一条河（水口）。正面没有特殊要求，既可以有山（前面的为朱雀），也可以没有山。川西彝族村落整体格局十分像彝族生活中的三锅庄形象。半山村寨后要有较大的山体部分，主要是因为可以给这里增添一分“气势”，给人一种天然屏障的效果。其次，可以在这里进行祭祀、祭天等活动，让这里的山体在客观上给当地的居民一种与神界相同的心理暗示。同时，为了保证人们正常的生活所需，寨子的附近还需要水源，正如川西彝族一家支族谱所说：“远古的时候，家祖居水域，水曾拜为神，祖先有福禄，子孙也兴旺。”雷波县城锦城镇就是一个十分典型的例子，雷波县城的地理位置位于凉山彝族自治州东端，隔金沙江与云南永善相望，整体走向为背西北面东南。原址被认为是彝族祖先古侯曲涅部族由云南进入凉山界的起点，由禹贡梁州域村落发展而成，历代在此均设重要管辖部门，可以作为见证川西彝族历史的重要地区。在彝语中，“雷波”的意思是“夏尔摩波”，而“夏尔”的意思是锅庄，“摩波”的意思是大山。整体看来，雷波县城后靠锦屏山，西依大旗山，东偎凤尾山，三山鼎立如三块锅庄石，雷波县城就在其山坳中。金沙江与县城下部相对，三座山之间有一条大河沟和一个落水湖，是县城的水源。需要注意的是，半山面水村寨具有很强的防御性，因为河谷地带几乎无法让河流直接进入村寨，从而形成明显的断层。虽然村寨的选址往往和后面矗立的高山十分和谐地连为一体，与其下河流之间的关系却非常险要。

2.半山不面水村寨的选址

除了上面提到的这种模式，这里的寨子还有一种安置于半山坝上，无河流可对，以地下泉水、山涧为主要水源的模式。这种布局的寨子地理位置相对险要，上面是高山，下面是悬崖峭壁，远远望去整个寨子就像是被挂在半空中一样。这种地势的寨子相对来说拥有着很强的防御能力，寨子中的农业、牧业都是半山腰中或者整个山坳中开展的。例如，凉山彝族自治州昭觉县哈甘乡巴姑村位于两座大山半山腰相连的山坳处，其走向为背西北面东南。村内无河流通过，水源为地下井水。山坡上可以牧马放羊，山地洼地可种植荞麦、玉米等旱地作物，具有高山村落的特色。

在半山的选址中，川西地区的彝族生活系统充分融入了周边山川的地理环境，自然融合了各种生活材料。人们对自然生活的态度和社会观念的反应都充分体现出来。三锅庄地形的选址特点为川西彝族村落的选址方法提供了更加进步的思想观念。这是最具代表性的村庄选址方法之一，反映了当地人的有机自然观念。

（二）山顶村寨的选址

彝族有时候也会将寨子的选址定在山顶上面，相比半山寨子的选址来说，山顶不一定地势非常险峻，山顶上面一般都会有一大片相对平缓的山坡地形，彝民便会在此修建房屋。从山顶到山坡便是彝民居住和劳作的地方了。缓坡的终点和两侧是陡峭的山谷或悬崖，成为村庄的自然分隔带；从山顶到缓坡的另一侧通常是开阔的，两侧被山涧隔开，或被曲折险峻的路段与外界隔开。进入村庄的通道是曲折的，使进入寨子后有一种别有洞天的感觉。例如，美姑县炳途乡什格普惹村位于阿米特洛山支流的山顶上。村庄向西北和东南方向移动，村庄建筑分散在山顶东南方向近 1000 米的山坡上。在村子的东北部有一条大山涧，村子的地形非常陡峭，向山涧倾斜。在山涧的东北部，有巨大的连绵山脉，成为村庄的自然屏障。村寨的西北部有一个山泉，水源就在那里，然后到西北部是一条蜿蜒的下山路。经历了各种转折之后再进入村寨中，会给人一种豁然开朗的愉悦感。

由于地势高，山顶上的村庄一定有丰富的水源。因此，村庄周围会有山泉和溪流，也可以在村庄里打井取水。这一点的选址可以看作山脉中部选址的延伸。当周围的地形允许时，村庄在山中的位置将移动到山顶，但仍然拖着整个村庄到山的中部。

（三）河谷村寨的选址

在汉民族村落的选址中，最为理想的地势为山水交融。《地理五要》指出，选址主旨在于“乘生气”“山属内气，水属外气”“（内）气循山而至，界水而止”“内外合一，不可分割”。在汉文化看来，选址的要点即在于“内外合一，不可分割”，因此很多传统村落乃至城镇都选址于山水交融之处。在以上提到的两种川西彝族村落的选址方法中，村落与山的交融十分自然而与水的联系却不那么紧密。考虑到村寨的防御性等因素，一般较大河流被当成一种防护性的屏障，村寨场地往往与可见大河之间有较险峻的山崖相隔，这就导致可见大河并不能用作生活水源，也就导致传统的川西彝族村寨较少选址于山水交融之处。但出于对人与环境和谐共处的本能向往，并且在汉族村落的深刻影响下，川西彝族也存在着一定的河谷村寨。

1. 高山河谷村寨的选址

高山河谷村寨位于山区周围比较大的河流旁边的小块缓地上。村子背面一般仍有较大山体作为屏障，便于农作物灌溉，甚至可种植水稻等作物。但是，由于门户大开，极易导致村寨在家支械斗或外来侵略中被攻击，因此周边一定在较近的范围内有共同家支的村寨或聚集地可随时给予支援。这里寨子的规模一般来说都比较小，只有十几二十户人家，每家之间的距离相对来说比较近，在这一点上就不像川西彝族的村落布局。例如，紧靠美姑县城的三河村村寨背靠黄茅埂山系西麓，面向彝车河，海拔 2000 米左右，地势高。彝村遗址位于河谷以南，主要位于平山脚下，村庄位于河谷以南。该村彝族历史上属于俄其族和金曲族。根据《美姑县志》的记载，从 1934 年到 1952 年，这两大家族的斗争持续了 18 年。三河村的村民属于俄其家族，其势力范围在美姑县巴布，他们为了躲避进攻只有退入巴普，联合家支成员防御，由此形成了如今的三河村村寨。

2. 平原河谷村寨的选址

一般拥有较大水系或湖泊的地方就有广大的冲积性平原，地理位置较好，彝族村寨在选址上面也受到了汉族村寨选址的影响，逐渐发展为河谷平原村寨。例如，西昌汉彝杂居的漫水湾地区存在着很具汉化特点的河谷平原村寨，坐落于昭觉平原上的昭觉县城也是这种河谷平原村寨发展起来的模式，但它还保留着川西彝族原住民村寨的特点，如今县城周边尽管已是一马平川，但是村寨后面仍有较大的山体作为依靠。综上所述，川西彝族居民选址时村落要背山，后山不仅可以保护村落避免洪水和泥石流的危害，也可以长时间享受温暖的阳光。另外，村落的前面或者左右最好有条小河或小溪，以提供充足的生活水源。如果四周还有茂盛的森林，就更是上佳的村落地址。因此，靠山、近水、近耕地是川西彝民选址考虑的关键要素。

二、川西彝族传统聚落的朝向选择

关于川西彝族寨子的朝向问题，之前接触的史料中并没有明确的记载，或单单体现了“向阳”的选址要求。彝族村落的朝向各有不同，一方面是地形复杂，

另一方面则是为了适应环境。川西彝族村落在朝向选择上也有其规律之处，并反映出一定的客观唯物性和主观唯心性。这是根据调研的结果与彝族文化特点综合分析而得出的结论。在川西彝族传统聚落中，主朝向偏向各方向的例子都有，但偏南和偏东的较多。

（一）主朝向偏南的村落选址

各民族都需要在长期的生产生活过程中积累规律，川西彝族作为半耕半牧的民族也不例外。此外，建筑的采光与采暖的关系十分密切，大小凉山地区的平均海拔在2000米左右，属于高寒山区，但该地区山势起伏舒缓，坡度在20°左右[1]，在山峦起伏或山头河谷之间有着比较平缓的高山缓坡带，所以当地彝族人民多选以南向或偏南的向阳坡作为村落主朝向。如此一来，不仅可以满足建筑采光的基本需要，又可以得到更多的阳光和温度，因为太阳的入射角度相对更大，能满足作物对日照、降雨量的需要。同时，彝族村落主朝向对面无山或主朝向侧向有山原因是川西地区山体绵延，彼此距离较近，这样可以避免大山的影子过早将村落的日照遮住，美姑县三河村就是典型的例子。可以说，这种符合自然客观规律的村落朝向选择方式反映了彝族生活观中的客观唯物性。

（二）主朝向偏东的村落选址

主朝向偏东的村落代表有朝向东南方的雷波县城、美姑县炳途村、昭觉县城，朝向东北方的如支尔莫村等。当地人对村落偏东的缘由并没有确切的说法。从地理学的角度讲，村落偏东会出现早晨东晒、一日内光照总长较短等问题，可以说偏东不太符合实际生活的需求。但是，川西彝族传统聚落中选择偏东南、偏东北的村落确实较多。造成这一特点的原因可以通过分析川西彝族凉山诺苏文化得出结论。彝族谚语：“诺苏起于东方，迁徙向西方。”可见，东方对于当地彝族人来说是有着深厚的族源关系的方向。

需要特别说明的是，受到复杂生活环境的影响，川西彝族村落的朝向往往不能完全形成正南或正东的朝向，且较少向西。这不仅是因为彝族人认为西向不吉的思想观念，也因为朝西采光少且高山地区西晒强烈。这也从侧面反映了川西彝族村落东南朝向的优势。

---

[1] 成斌．凉山彝族民居[M]．北京：中国建材工业出版社，2017：69.

三、川西彝族传统聚落的布局选择

村寨布局更多地反映了彝族人民的民族主观文化特点，这是受建筑的人为性因素影响。川西彝族村寨建筑的各种布局类型充分体现了彝族人民由主观性而产生各种“势”的观念。村寨布局可以分为以下几种类型。

（一）独立式布局

1.独立式布局的特点

如果说川西彝族村是一个棋盘，那么它的建筑布局就具有棋子的特点。与汉族地区或其他民族村庄不同，川西彝族村寨中各家的房屋层差不同，形成了一个有趣的建筑群体，村庄中的道路和广场就在这些建筑群中产生。总体而言，村落的建筑布局具有以下特点。

①在村落的建筑布局中，基本上每户人家都有自己的一块空地，各家各户分散在村子里，彼此相距甚远。几十米甚至近百米之间没有相邻的房屋和庭院，因此每间房屋都成了棋盘上面的一颗棋子。

②因为寨子中的建筑相对散落的距离比较大，寨子中的道路、场地便不是由建筑的边界来界定划分的了。相反，它已经成为连接和串联这些独立建筑庭院的背景。交通系统相对复杂，道路等级众多。主要道路产生多个分支并散布在村庄建筑中，甚至分布并整合到每个家庭周围的农田中。村子里通常有一个大的坝子，不一定在村子的中心。但这些分散的各家院落凝聚成一个的不规则聚集以此形成村民大规模公共生活的场所。

③虽然彼此有较大间隔，但每一个住屋院落都牢牢地控制着一定的区域范围，并且各自占据着这个地区的优势。寨子入口处的道路一般来说都是比较曲折蜿蜒的，控制入口的前提因素是掌握入口地形。在寨子的中间，不同的房屋和庭院占据了道路的周边，根据地形的变化，形成了自己的势力范围。此外，在远离村庄主要区域的角落里也会有一些单户。

总之，四处散布、独家独院是川西彝族村寨建筑布局中的鲜明特征。

2.独立式布局产生的原因

独立式布局方式归根结底是建立在川西彝族人民心中“以家为本”的思想之上，家是承载着人们一切的建筑载体，使得彝族的寨子互相独立。产生这种布局的具体原因有以下3点。

（1）独特的生产方式

因为彝族主要以农牧业为生，但是生产工具与生产关系的矛盾造成了生产效率比较低，在这种情况下，各家为了保证获得足够的土地，不得不将各自的房屋修建得相距较远。例如，每个凉山彝族房屋都被自己家里的田地环绕。如果它占据一个缓坡，那么它也会占据大量的自然牧草。川西彝族有迁移的习惯，因为他们在开垦后无法维护周围土地的肥力。

（2）特殊的生活习惯

川西彝族并没有世代同堂的这个说法，子女在长大之后都是要出去过自己的生活，不再与父母同住了，并且在父母年纪大的时候是由最小的一个儿子抚养的。由此可见，彝族人更加注重彼此之间的独立性。而且，彝族有各种各样的生活禁忌，如彼此之间房屋的距离不能过于接近，不然就会产生诸多矛盾，即使是亲戚也不能忍受，最终往往以搬家或请毕摩作法的方式来解决，但这样会破坏彼此之间的关系。所以，彝族建筑保持独立会更能够保护自己家里的“气势”，不受外面的环境的干扰。此外，受到祖灵观念的影响，彝族人认为自己家里的祖灵可以是好的也可以是坏的，好的祖灵就会保佑家人，但如果是坏的就会扰乱自家甚至会影响到邻居，所以各个建筑需要保持一定的距离，这样就可以互不受到干扰。

（3）特有的社会特点

由于之前发生的一些战事危及了各个寨子的安全，所以各个寨子在建设的时候都会保持一定的距离，这样的好处在于不仅外人攻进村寨后会遭受内部各方的攻击，更重要的是可以在后面的防卫战争中控制局势。这样，只要每家能够把握住“势”，就可以在战争中取得一定的优势，获得胜利。

（二）断裂式布局

虽然川西彝族的院落都是独立存在的，但是在大的环境中它们又是属于一个整体的，只是受到外界条件影响而形成了一种特殊的布局——断裂式布局。它的特点是根据地势等环境因素形成几个部分，并且占领着各自的地势特点，从整体来看，村寨之间都是密切联系的。

例如，昭觉县巴姑村位于两山的山坳中段。两侧的山体本身就成了围村的屏障，洼地的前后通道则是将村寨围合起来的关键。巴姑村分成了两个部分，并且这两个部分之间隔了四五百米。入口区域由东侧的山口和西侧的山坳尾部控制，这是整个村庄的依托。两侧山体缓坡为牛马羊牧区，中部则是村落的耕种地。房屋和庭院散落在中部农田边缘，不断扩展和发展。整个村庄相互呼应，是一个典型的断裂布局。川西彝族村落建筑出现这种布局的原因有两个：一是对自然地形的适应，如河流和山脉的分离是由山谷和洼地的不同特征造成的；二是作为战略布局而存在，这种布局方式能够集中力量控制几点地势，进而掌控全局。

（三）竹茎竹节式布局

宏观上看，一定地域内川西彝族村寨的布局方式与单独彝族村寨的建筑布局方式十分相似：可以把独立村寨看作一个个建筑单体，各个村寨独立分散，且有一定间距；各个村寨无形有形地相融与交连，各司其职地融于整个大环境中。这种竹茎竹节式的村落布局与他们的社会观、自然观是密不可分的。

例如，昭觉县古里区古里村、奇摩村、苏巴古村和杰尔莫村位于古里拉达向斜，分散在宽阔峡谷的山坡上。每个村庄都是沙马土司的家族分支，通过峡谷周围的一条主干道连接成一片。其中，杰尔莫村和古里村占据了整个村庄的头尾。它们隔着大峡谷遥相呼应，以遏制峡谷口的地形。普尔村、巴姑村、吉姑村、尔主村分布在哈干区日哈梁子沿线，昭觉与美姑连接处，属于俄依家支。普尔村、巴姑村、吉姑村、尔主村等村庄由黄茅埂西麓相连，属于俄依分支，它们之间的关系也符合这种有机布局特征。具体而言，竹茎竹节式布局以山脉为竹茎，以家支中各寨为竹节，村寨子的人以其为主体向外不断繁衍、扩大。同时，彝族中有着竹崇拜的传统，对他们而言竹子就是他们的祖先。因此，彝族人民以竹茎竹节的“势”形象来布局村落，即彝族村寨布局在宏观上形成了暗示家支繁衍的竹茎竹节之势。

川西彝族村落的建筑布局，甚至凉山许多彝族村落的总体布局，都体现了“势”的概念。它们都植根于川西彝族血脉相连的家族分支观念，虽然表面上都是散落的，但其中存在着主体与客体观念上面的一些联系。竹茎和竹节的“势”概念很好地解释了这一特征，使彝族村落的建筑和村落的布局以其“势”“全”和“整”，实现了有机统一。

第三节　川西彝族建筑的风格与文化价值

川西彝族由于长期的生活习俗，形成了大分散、小聚居的状况，居住地常择高山、半山坡或河谷处。聚落中以居住建筑为主，公共性建筑较少，住宅形式以独栋式、院落式为主，与其他民族建筑的风格特征明显不同，有其独特的文化价值。

一、川西彝族建筑的风格特征及其形成原因

川西彝族建筑布局简单、自由，是艰苦、简朴的生活环境造就了这样的风格特征。川西彝族建筑在平面上呈现出矩形、“L”形和“凹”字形等形状。依据建造者的地位和家庭成员的多少，最常见的建筑平面是矩形，家庭成员较多和地位等级较高的家庭常为“L”形和“凹”字形。

（一）川西彝族建筑的布局特点

高山地区的川西彝族建筑一般为独栋的单层矩形平面建筑，当然也有在主屋侧面沿院墙修建小体量的附属建筑形成“L”形或“凹”字形的院落。

1. 单体建筑的布局特点

由于川西彝族传统社会基本单位是父权核心的小家庭，子女长大成婚后即分居另户，因此彝族家庭人数少则三五口，多则七八口，这种家庭结构体现在建筑上的特点是一户一屋，单家独院居住。彝族建筑单体多为长方形平面，室内空间以火塘为中心进行布局，火塘是彝族建筑的核心部分。单体建筑一般为一层的矩形平面房屋，无固定朝向，外墙几乎不开窗。大门在建筑平面轴线一侧，而不在正中。室内空间用木柱、木板或竹席作为隔墙分为三个部分，正中一间为堂屋，是家庭成员聚会之所，面积约占室内面积的二分之一，一侧设置一座火塘，火塘边取三块洁净的石块支搭成牌状，锅支其上，称为“锅庄”。锅庄被勒令严禁踩踏跨越，踩踏跨越的后果为可能会发生不吉的事情。锅庄上方以篾索吊一个长的木架子并在里面铺上竹条，用来烤一些食物。火塘除用以煮饭、烧茶、取暖和照明外，还有聚会、交流等功能，均围绕其进行，是家庭活动中心，也是功能布局

中心。日常生活和接待客人时，以火塘上方为尊位方，围绕火塘，逆时针方向依次坐家庭里年长者、中年者和儿童，顺时针方向依次坐客人中的年长者、中年者和儿童。两个方向年龄和尊卑相当者对称入座。堂屋两侧分别为卧室、储藏间和马厩。屋内不采用实体墙分割而采用竹席或竹板做不完全的隔断。其一侧为男女主人的居室和储藏贵重物品的处所，外人不可进入，其上方有时也利用空间架木檩条用来居住、放置物品。另一侧是堆放杂物和生产用具、圈养牲畜的处所。通常两侧房屋及门廊上空用檀木架夹层，其上搭木板作为二层，用以堆放柴草、粮食、生活用品，或供客人或未婚子女居住。两层之间用可移动的木梯相连通。以上是较富裕家庭的建筑构造。相对而言，普通人家的住房面积较小，室内空间没有专门的分隔物（有的利用承重木柱），布局也没有明显的界线，只是以左侧为牲畜圈，右侧为就寝和杂物堆放处，中部偏右为火塘。另外，彝族是父系氏族社会血亲群体的延续。子女成年后可独立建新的建筑，若家庭中孩子较多，可在主建筑一侧再建一幢形同主建筑的房屋。一般来说，川西彝族单体建筑要有以下几种形式。

（1）杈杈房

杈杈房（图 4-19）是川西彝族古老的建筑形式，为贫苦阶层居住的一种简易房舍，主要分布在凉山州彝族地区的美姑县、布拖县、昭觉县等，一般分有墙体和无墙体两类。有墙体杈杈房的建造方法是先在平整好的地基两端竖立两根带叉的木棒作柱子，一根树干横在叉上作为横梁房架，四面用茅草遮掩围合而成，无墙壁，侧面开设一小房门，用篱笆作门板，四周用泥土做成排沟。无墙体杈杈房则是在平整好的房屋基础上排插木桩，又在木桩上用箭竹穿插编制成墙体或先将篱笆编好再绑扎于桩上，房门设在建筑中线一侧。这种建筑结构简易，建造便捷、实用，但现在很少能看到，有时临时搭建的建筑会采用这种形式。

图 4-19　彝族杈杈房

（2）木罗罗房

木罗罗房是川西彝族地区古老的简易房舍，多分布在凉山州彝族地区的美姑、木里、昭觉等地区。它常为森林等树木资源丰富的地区采用，原木纵横交叉重叠，两端砍出卡口相扣呈井字状，由此构成房屋墙体。房间平面为矩形，屋顶是悬山双坡式。屋顶的做法有两种，一种与瓦板房屋面做法相同，另一种采用原木两端卡口相扣的形式拼接形成双坡屋面。

（3）瓦板房

瓦板房是凉山州彝族地区最常见的建筑形式。这种建筑形式无论在建房、居住仪式还是在结构、装饰以及使用空间的分布上都具有鲜明的民族特征，这些特征又与彝族独特的民间习俗和民族文化密切相关。瓦板房通常采用梁架结构，支撑屋顶荷载的木质桁架预先在地面做好，然后将桁架按照开间立于柱基之上，再用梁、檩将其连接稳固。因此，立柱与合脊是建房过程中的两个重要环节，都要举行隆重的仪式。立柱须择吉日吉时，并于柱下放少许钱币，以期日后财源广进；合脊须择龙日，并摆宴席请数名男子猜拳宴饮，以求人丁兴旺。[1] 瓦板房门开在一侧而不在正中央，门矮小，两侧有几十厘米宽的小窗或不开窗。整个建筑立面少有外窗。

（4）土墙瓦房

土墙瓦房是乐山的峨边县、马边县等彝族地区常见的建筑形式。建筑平面呈矩形，外墙采用夯土砌筑，室内设木柱、木梁等木构架结构。土墙瓦房一般悬山而建，屋脊微微有曲线，顶端起翘，屋面铺设小青瓦，有瓦当，并做悬鱼装饰。立面向内院开窗，对外封闭。建筑外墙涂白色、朱红色装饰或不装饰。

2.院落的布局特点

院落基本是由一幢主屋、一两幢附属建筑和院墙围合而成。院落的组成是按照彝族人日常生活习惯而来。院落中主体建筑或为独栋，或为一正两厢的形式。院落中主要房屋供使用者居住、炊事、饲养牲畜、储存物资等，次要房屋主要供成年子女居住。少数富裕家庭的院落中设有碉楼，有较强防御性质。河谷平坝地区建筑受汉族文化影响较深，出现了较多由建筑围合而成的三合院、四合院，甚至多进院落的组合布局，如土司衙署和千户宅等。

---

[1] 吴欣歆．时代语文：三维阅读互动课堂．三年级．上册［M］．上海：华文出版社，2016：131.

一字式院落是川西彝族院落里最常见的院落形式。院落由土墙或竹篱笆、木篱笆围合而成。院门不在正中而开在一侧，面向东方、南方。整个院落没有对称轴，院落中有主体建筑一座，用作日常起居、圈养牲口和仓储。建筑矮而宽，侧面或接有一座小型耳房，主要采用全生土或木板建造，高度在 5 米左右。少数院落中建有碉楼（图 4-20），供家庭防御。正两厢式的三合院、四合院存在于金沙江两岸平坦开阔的河谷地带。三合院没有明显的对称轴，主体建筑是正房，一般坐北向南，采用三开间单层或两层，供日常起居。三合院两侧为厢房，采用两开间两层或单层，用作仓库、牲口圈、儿女住房、厨房。彝族三合院形式多受汉族院落影响，内部布置又适当保存了一些民族习惯。例如，凉山州甘洛县斯普乡某黑彝住宅就采用了三合院布局形式，其院落外形方正，院门向北侧角落开，院落四角其中一条对角线上，各有一座起防御作用的碉楼。正房修建在院落中心位置，为主要建筑。正房前两侧各有一座晾晒棚和牲畜圈。正房的当心间布置起居室，左右两侧分别布置卧室和仓库，起居室偏右设置锅庄。也有少数彝族住宅外形仿照一颗印的形式，内部建筑物布局却不一样。例如，美姑县巴普乡彝族住宅采用土墙围合成方形四合院，院子中心是水池，水池周围用走廊环绕。院墙正中心开院门，院门后是门厅，门厅左右两侧布置牲口圈。门厅后是院落中的水池，水池后是三开间房屋，当心间是起居室，内设置锅庄，起居室左右两侧是仓库和卧室。在这种四合院中，人与牲口已经分离，院落以水池为中心布局，周围是回廊，空间变化不同于其他彝族院落。此外，在部分彝族与汉族混居的平坝地区，彝族人受汉族住宅形制的影响，采用四合院的布局形式。正房一般坐北向南，居于院落中最高的位置。正房两层，一层明间为堂屋，供奉祖先牌位，左次间为主卧室，右次间为次卧室，分别供祖父母、父母居住。二层用于储藏粮食，两侧厢房可根据实际需求用于圈养牲畜、储存草料，或作为晚辈卧室、厨房等。倒座主要用于会客使用。家中正房堂屋靠后墙设有天地神位和祖先灵位，中为“天地君亲师”，右为历代祖考妣，左为灶王府君玉池夫人，设香烛、酒、糖、果品等贡品，每逢节日祭拜，神龛下供有土地菩萨。“苍龙”“锅龙”作为坛神处于堂屋左右角落受到人们的信仰供奉。云南松树枝条插在后墙或山墙顶上，墙角处挂上红线，以供奉被称为“小土主”的土地神灵。

图 4-20 碉楼

（二）川西彝族建筑的装饰特征

川西彝族建筑的结构形式主要为穿斗式结构，也有室内木架、外围护土墙的做法。彝族建筑的木架类型多样，位于山墙面与分隔墙处，采用穿枋拉结立柱的穿斗木架，室内堂屋空间无立柱，常常采用大斜梁或抬梁式结合悬挑的拱架，跨度更大的空间则用多层悬挑拱架——搧架式结构。搧架式借鉴汉式斗拱结构的部分做法，同时融入彝族传统的建筑工艺创造而成，它是彝族最独特、最科学的建筑结构之一。搧架结构多用于正房堂屋间，利用杠杆原理层层出挑，形成拱架。前后檐柱为主柱。沿深度方向，每层上的支撑从屋檐柱同时悬挂到房间内外，从底部悬挂到上层，悬挂的枋头做成牛角拱形式。在屋檐柱处中，从内侧到外侧再从上到下的承重柱，一直支持到屋脊下方被吊起的悬空中柱。这种结构加大了空间的跨度，且室内没有支撑柱。还有一种搧架结构，是出挑加大斜梁的做法，它使得室内空间更加开敞。其他形式的木构架还有类似于汉族的穿斗式结合抬梁式的混合形式。在林区的民居也有井干式结构的木罗罗房。彝族枋头结构的牛角形式是枋头的一种装饰性构件，与彝族文化中对牛、羊等动物的崇拜有很大的关系。竹崇拜则表现在民居建筑檐下檩柱与牛角横枋交接处的竹节样榫卯结构上。在色彩上，彝族人崇尚黑、红、黄等颜色。“黑”象征土地，是孕育万物的母亲，同时有庄重、勇敢、豪放、吉祥、崇拜太阳与火的含义，也是神和荣耀的象征；“黄”代表太阳、人类、美丽、喜庆，也象征善良、友谊、如金子一样高尚的品质；“红”代表热情，也象征源源不断的生命力。众所周知，彝族人崇尚黑色并以此为尊，建筑物上常采用黑色为底色，红色、黄色相搭配的彩绘进行装饰，如图 4-21 所示。川西彝族建筑在装饰上的特点主要体现在屋顶和门窗两方面。

图 4-21　川西彝族建筑色彩搭配

1.屋顶的特征

彝族建筑的屋顶有瓦板屋面、小青瓦屋面，均采用双坡悬山式屋顶。瓦板屋面的做法是在承重的夯土墙上放置檩条，上下层用劈开的云杉木板为瓦，其中下层满铺，上层在两板相砌处放置一板。为了加强屋面材料的稳定性，彝族人民还在屋面上放置石块，形成了独特的瓦板屋面。由于彝族建筑立面不开窗，采光方式靠屋顶瓦板完成。瓦板屋顶自然形成的木纹凹凸条理，下雨时形成屋面排水沟，瓦板之间的缝隙形成屋顶独特的天窗。瓦板屋面屋脊几乎平直，多数无曲线变化。屋檐出檐五十多厘米，多数贫苦人家屋檐下无装饰，少数经济富裕之家屋檐下有枋，枋间有端木支撑，且作黑色、红色、黄色彩绘。小青瓦屋面的做法是檩条放置在承重墙上，上铺椽子和小青瓦。屋檐较瓦板屋更宽，屋脊中部和两端翘起，有明显的曲线变化。

2.门窗的特征

川西彝族建筑中的门窗古朴简洁。传统建筑门窄而低，采用普通原木板制成，无装饰。因自然环境和人文因素影响，传统彝族建筑中没有或少有窗户存在。近年来，在彝族村落的改造活动中，彝族建筑中的门窗有了巨大变化，出现了栅格状的门窗，有很强的装饰效果。

（三）川西彝族建筑的功能空间

川西彝族建筑的功能空间包括精神空间、现实空间、交汇空间。这里主要通

过对空间受到较大分隔、功能划分清晰的民居建筑进行说明。

精神空间指人们精神寄托的建筑空间场所——祖灵空间。此空间是家庭中最神圣的空间，要求尚洁尚暗，其象征物是祖灵灵牌或葫芦。给祖先供奉完供品后，在火塘的右或左壁放上灵板，挂在火塘的主壁上或屋顶下的孔上，将供品放在灵下。在灵牌供奉之处经常举行各种祭拜和祈祷仪式，是家庭成员逢年过节、婚丧喜庆祭告祖先、祈福免灾的地方，也是家中的精神圣地。

现实空间是指人们日常生活起居、储藏、圈养牲畜等空间，分为室内空间和院落空间两部分。室内空间由木墙和木板进行分隔，分为左、中、右三个部分。中部是起居与仪式空间，它是一个通高空间，公共、仪式活动都在此空间进行。室内左侧分为上下两层，下为牲畜及杂物空间，上为粮食储存空间（有时兼作卧室）。川西彝族历史上将牲畜作为重要财产，对其极为重视，另外由于高山气候寒冷，形成了人畜同居的空间特征。粮食置于二层也是为了保持干燥并长久保存，上下两层没有直接通道，须在堂间搭活动楼梯进入。室内右侧主要为通高居住空间，是家庭中主要的卧室。由在穿斗木构件下半部分嵌入木墙板分隔出主卧室，同时家中贵重物品也置于其中，私密性较强。有的建筑在主卧室与堂屋之间以木墙板分割出几个次卧室，但这些房间通常仅能容纳床，只供休息使用。有的建筑也在右侧的主卧室上方搭木板设夹层，堆放杂物和粮食。院落空间属于室内空间的延续，作为堆放柴草、饲养家禽、晾晒物品的场所，同时也是举行红白事的场地，因此具有生活和仪式的双重功能。所有的家庭生活内容也几乎都被包含在了院落空间里面。院落周边的院墙总是围砌得较高，使建筑深埋在院落空间中，住居整体凸显出一种乡土性，进而与周边环境相融合。

交汇空间是指火塘空间，它具有神圣和实用的双重空间作用。人们的一切活动都围绕其进行，如饮食、起居、取暖、会客、议事、交流、做室内宗教法事等。在现实空间里，彝族住宅的各个功能空间便是以火塘空间为中心呈发散状扩展，火塘周边为生活居室，再向外扩展为生产储存和居住空间，再外为墙体，以至到院落空间，形成一个以“聚”为中心的空间序列。火塘代表了强烈的向心趋势和内聚力，是家庭室内活动空间的中心，甚至是家族的核心。

（四）川西彝族建筑风格形成的主要原因

川西彝族独特的建筑特征——矩形的平面布局、以火塘为中心的正房和左右两侧厢房的空间分割、人畜共居的空间组合，这样的建筑形式和彝族的精神信仰、自然气候条件、人文条件与经济因素相关。

在彝族的传统文化中，彝族人对火的崇拜占据重要地位。火是彝族人生产的动力，也是生活的主要依靠，特别是在高寒气候的彝区，火的作用更为重要。于是，火塘变成了建筑中的核心部分。可以说，彝族家庭的生活起居、待人接物都围绕火塘进行。彝族人不仅对火有强烈的崇拜，他们也崇拜牲畜中的羊与牛。牲畜为他们提供农业生产的劳动力，也是肉食。彝族人习惯和牛羊住在一间屋子里，这主要出自对提供生产帮助和肉食供给的牛羊的爱护与尊敬。另外，川西彝族地区地势复杂，经济发展相对落后，特别是在物资匮乏的年代，羊与牛不仅是提供劳动力的资源，更是家庭中重要的财产。彝族多数居住在高山，气候寒冷，为抵御严寒和保证财产的安全性，他们在建筑外墙上采取了不开窗的保护方式。

二、川西彝族建筑的文化价值

从土地选择、平面布局、空间组合、建筑材料和结构处理的角度来看，四川西部的彝族建筑始终遵循着适应自然、利用自然、保护自然的理念，与建筑自然环境完全融合的原则。而且，在选址建设过程中，坚持民族核心文化，同时不断更新施工方法、选材和形式，广泛吸收其他民族优秀建筑技艺。这些宝贵的经验和智慧是历史发展研究中的重要理论和实用技术。

（一）川西彝族建筑的生态人文价值

四川西部的彝族建筑，经常有机地结合有机生态学和传统精神文化，形成统一的生活环境。彝族文化在自然环境、自然生物和万物精神这三个层面上形成了宇宙观，即自然、社会和文化的综合体。彝族文化是能量转换、物质循环、信息交换功能的统一，相信所有的神明都是相互依存、共生共荣、不可分割的整体。彝族将整个世界视为统一的自然生态系统和人类生态系统，也将每个家庭分支或村庄视为一个完整的自然生态系统和人类生态系统。各地区展现出自然、生物、社会的一体性，人们的社会活动和行动规则也与整个地区的生态系统一致，创造了遵循系统规则的生活方式。

1.整体和谐的自然生态空间

自然生态空间是由山川、大气、土地、水文学和矿物构成的统一体。在游牧民族经济中，居住地被认为是村落建设中最重要的环节，他们总结了在构筑居住环境实践中广泛使用的基于天地、人类的协调和自然崇拜的生态学认知概念。虽然彝族还没有将这一概念提升到理论层面，仍然有许多原始迷信的色彩，但这一特殊而古老的观念仍然对彝族传统生活环境的建设产生着深远的影响。

川西彝族建筑通常位于山地和陡坡地带，居住环境较差。相对于自然界的力量来说，人类的力量很小。因此，彝族在环境空间的建设中，始终遵循顺应山势、顺应水脉、就地取材的原则，充分利用沟壑、陡坎、斜坡等地形条件，灵活布局，组织自由开放的环境空间；根据山地趋势，建设多层次、高度分散的垂直环境空间，充分发挥采光、日照、观赏的空间效益。村落根据地形的起伏，被森林和农业用地隔开。这些村落作为一个群体，构成了民族和家庭的分支。就生态学而言，人们的建筑是建在山上的，尽可能地损害较少的地面植物和自然环境。陡坡、洼地、高地、溪谷、滑坡地区在地形复杂的山区经常与村落进行交流，建筑物周边有绿地、树木种植的开放空间，形成了自给自足的小环境。建筑要根据森林、水流、土地等自然生态因素，对当地条件进行调整，适度获取资源。

2.生态人文的精神文化空间

宗教与彝族建筑的位置和构筑密切相关，区域特性明显，包括传统的生态学环境保护概念。彝族宗教所包含的生态学、环境保护的传统概念，实际上是彝族人对人与自然关系的理解成果。它在保护生态学资源、优化彝族地区生态环境中扮演着积极的角色，是彝族人传统价值的表达。在彝族聚落原始崇拜观的基础上，形成了“天—地—人—神”的空间层次特征，使得建筑环境具有深厚的文化意义。

在彝族村落宗教活动中，宗教意识的外化表现为祭奠平台、公共建筑、神圣的柱子等构造。彝族人民在传统环境中追求美德和艺术概念，通过装饰象征性建筑来突出各个分支的文化特点，将自然融合到图腾中。在居留地的公共空间里，通过建设村寨寨门、巨石、磨秋等小道具，强调村民们对灵魂精神文化和美的追求。

彝族文化有一种特殊的文化——家支文化。家庭分支的成员通过父亲血缘联系在一起，确认他们的亲属关系和世代关系，明确他们的伦理、责任和义务，从而在各种宗教活动和互助活动中处理各种关系。火崇拜和斗牛等多彩的活动，给火崇拜和斗牛的内部精神带来了鲜明的意义，这将对建立认知型聚落组织，加强成员之间的关系起到积极作用。川西彝族建筑注重生态环境和精神环境的建设概念，结合现代生活的需要，创造和谐的生活环境。

（二）川西彝族建筑的科学文化价值

川西彝族建筑施工技术模式主要有两点。第一点是选择建筑材料，根据地区情况构建复合空间。建筑物的包络材料巧妙地利用了屋顶平台和建筑天井，可以适应干燥、寒冷和炎热的气候，它反映了川西彝族老百姓积淀的生存智慧，适应了上千年的环境变化。第二点是具有人情味的建设技术。工匠对制造工程的价值不仅体现在技术水平上，还反映在建设工程中技术和材料的选择上。例如，在解决具体问题时将建筑方法和综合意识融合。正如学者们所说，"机器可以提供速度、力量和准确性，但它们不能提供创造力、适应性、自由和复杂性。人的优越性正是这些机器所达不到的"。[1]解决具体问题时的整体意识体现了传统技术与人文科学的高度统一。对于彝族传统建筑的建造技艺，"我们既不能把他们看作是完全缺乏科学精神、今天无所作为的落后事物，也不能忽视它们在科学精神建设中的脆弱性"[2]，相反，应该从科学的角度进行分析。同时，应区分作为宗教禁忌与社会约束的技术和促进生产力的技术，并从生态学的角度对建筑技术进行升级和改造，以适应当代生活。本地区的发展必须符合本地区的条件，充分考虑自然资源的合理利用，倡导尊重本地区自然生态系统和社会文化模式的技术和组织。[3]彝族传统村落民居的建设方式体现出彝族村落男女合作的社会现象，流露出原始的互助友情。同时，地域固有的工艺文化也通过集体建设继承。建筑不仅是展示建筑技术，也是教授建筑技术的一个环节。川西彝族的人们，通过经验来建造房屋，对下一代实行建筑教育，建设过程中包含着丰富的社会内容。具体来说，建房的过程就是全村相互协商、交流的过程，祝福修建新家是互相祝福、传达感情的过程。彝族传统建筑的建设有着深刻的文化内涵，包括选材、材料准备、施工、竣工庆典等方面，这些都是重要的民俗文化的研究事实。

（三）川西彝族建筑的史学研究价值

彝族建筑在川西多样的自然环境和社会环境下，产生了丰富的建筑形式和文化内涵，向人们展示了一部活生生的建筑演变史，这为研究传统建筑演变提供了鲜明的材料和史实。由于不同地区的生产力水平和社会环境不同，川西彝族人留

[1] 邹珊刚．技术与技术哲学 [M]. 北京：知识出版社，1987：259.
[2] 陈勇，陈国阶，刘邵权．川西南山地民族聚落生态研究——以米易县麦地村为例 [J]. 山地学报，2005（1）：108-114.
[3] 温泉，董莉莉．西南彝族传统聚落与建筑研究 [M]. 北京：科学出版社，2016：206.

下了丰富的历史遗迹。

彝族建筑在文化交流的影响下，从古老的窝棚民居形式转变为技术成熟的合院，从具有鲜明民族特色的搧架式风格转变为合院式风格，生动地展示了川西彝族在自然、社会环境中的建筑活动，反映了川西彝族在文化交流过程中生活方式的变化和建筑的发展。如表 4-1 所示，从川西彝族建筑的形态演变中可以看出，在影响建筑空间建设的各要素中，家庭结构和祖先崇拜起着重要的作用，建筑的特定形态取决于区域经济条件、自然条件、家庭生活和生产方式，以及特定的精神需求。

表 4-1　川西彝族建筑的史学价值

类型	研究价值
窝棚、杈杈房、青棚建筑	它反映了彝族在一定历史时期的社会组织结构和经济模式，或宗教信仰、民俗风情，同时真实地反映了相对原始的建筑材料和技术以及相应的经济水平，具有重要的历史研究价值
普通民居建筑	由于经济实力和规模的限制，单体或组团的民居建筑在地形的利用和材料技术的应用上具有适当的生存智慧，形成了造型简洁、技法多样、装饰简单的形态特征，对建筑创作具有参考价值
宗教建筑、土司庄园	宗教建筑单体建筑规模大，精致的室内装饰使建筑内部的空间功能多样。土司庄园往往是名人故居和历史事件发生地，具有特殊的历史文化价值和建筑创作价值

在充分展现本地民族聚落建筑艺术风格的基础上，川西彝族建筑的建筑风格充分吸收了汉、白族等民族的艺术元素。

川西彝族建筑领域的文化多样性体现为传统地域建筑文化的多样性，对当地传统地域建筑文化的内涵及其发展演变规律进行深入挖掘具有非常重要的意义，如解决川西彝族地区建筑研究中的一些跨地域问题，并加深对川西彝族地区整体建筑样式的理解。建筑文化的融合是地区和国家相互作用的产物。建筑文化的成熟必然需要其他建筑文化的先进技术和方法。因此，为了调查建筑文化是否成熟，沟通和交流是两个同等重要的方法。

正如吴良镛在《江南建筑文化与地区建筑学》中所说的："如果能进一步弄清不同地区建筑文化的渊源，以及各地区建筑文化发展的内在规律，比较它们的差异，研究它们的空间格局，这不仅将大大加深我们对中国建筑发展的整体认识，进一步明晰其个性，加深我们对整体个性的理解，同时也有助于我们了解中国建筑的地域特色，从而培养具有地方特色的建筑流派，展示自己的风格，使中国建筑创作真正实现和而不同、同中有异的繁荣局面。"❶

❶ 戴志中，杨宇振．中国西南地域建筑文化 [M]．武汉：湖北教育出版社，2002：118.

从技术角度来看，研究四川西部彝族民居的发展，应以合理的建筑技术为逻辑主线，调查和分析彝族建筑系统的构成类型和空间发展模式。结合自然、历史、文化等因素，分析和总结其演化的因果关系和区域分布法，最终得出彝族传统建筑的演化规律。以凉山搧架式建筑为例，可通过对圣乍式、依诺式和所地式的比较，展示搧架结构从原始到成熟再到装饰构造的历史过程。结合当地的文化和习惯，它从多层扇形框架进化成支持屋顶负荷的扇形，将柱崇拜与图腾崇拜和扇形框架的机械属性相结合，表现了凉山彝族建筑文化的最高形态。之后，由于木材不足和夯土承重墙的应用，搧架结构逐渐由技术部件变成了纯装饰部件。

传统建筑物的开发首先受到特别的地域自然环境的限制，文化习惯则通过选择技术形式来适应民居的调整，促进民居的发展。正如杨昌鸣所说："建筑的发展总是与一定水平的建筑技术相适应。建筑技术的发展是以建筑本身功能要求的复杂性为基本前提的，是其能够发展的一个重要因素。当原有的技术条件达不到新的功能要求，就会促进技术本身的变革和进步。"[1]随着现代科技和物质文明的高度发展，川西彝族聚居生活的环境、居住意识和居住行为也发生了巨大的变化，但妄图完全摆脱传统文化的影响，或者继续传统的生活方式是不可能的。经过长期的历史积累，川西彝族人的建筑文化已深藏在人们的内心意识里。此外，川西彝族人的建筑文化受到了连续的选择和调试，始终以传统为基础实现了改革和创新。无论哪个国家的建筑文化，都必须适应各个时代和社会的特定需求。为了研究彝族传统建筑文化，真正需要做的是根据变化的环境吸收其他优秀的传统建筑文化，创造满足时代发展需求的建筑空间环境。

第四节　川西彝族的民居建筑

自然环境条件与人们的居住条件是密切相关的。在长期的生活实践中，川西彝族人发明了各种住宅建筑形式，这些建筑形式与当时的经济状况相适应，合理地适应了当地的自然条件。

---

[1] 杨昌鸣．东南亚与中国西南少数民族建筑文化探析[M]．天津：天津大学出版社，2004：18.

一、川西彝族民居建筑的类型

由于经济条件、自然环境、生活习惯的影响，川西彝族人根据各地的具体情况，采取行之适当的措施到处建起民房，以满足生产和生活需求。彝族民居建筑按屋顶形式可分为坡顶房和平顶房两类。

（一）坡顶房

坡顶房按屋顶材料又可分为竹瓦房、麻杆房、草房、瓦板房、青瓦房。

1.竹瓦房

竹瓦房主要分布在红河以西哀牢山主峰，雨量充沛，竹子众多，因此当地居民大量使用竹子来作为建筑材料。竹瓦房用木柱或粗大的竹柱支撑房梁和檩条，墙体用竹篾围护而成，也有一些是土墙。竹瓦房的平面简单，一般只有 4 米 ×3 米，空间狭窄局促。同时，房屋高度在 2.7 米左右，竹子的承载力也不高，因此竹瓦房逐渐被淘汰，现多用于牲畜圈。一般来说，竹瓦房是双坡顶，造屋顶时选一批直径相似的竹筒均匀地劈成两半，一半做板瓦，一半做筒瓦，像盖瓦房一样盖上并用竹皮紧紧地绑在竹梁和檩条上，雨水可以顺着竹子的肌理流下。为了防止雨水回流，竹瓦房屋脊通常采用错缝搭接，这也是最早的“格霏”屋面。远望竹房，全像瓦房，所以当地人称为竹瓦房。

2.麻杆房

麻杆是暖温带树种，喜光照，稍耐阴，对土壤的要求不严，因此在川西的温和湿润地区，彝族人民都种植有麻杆。麻籽是优良的油料作物，可出售，麻杆还可用来盖房。通常，村中如有一家盖房，其余各户所保存的麻杆都可借给这家。麻杆房（图 4-22）的平面布置与竹瓦房类似，约 4.8 米 ×4 米，但在功能上比竹瓦房进步，依稀开始有火塘，部分人家甚至有用作生产资料的夹层，发展到后来，就是瓦板木楞房的平面布置。麻杆不仅可以用来盖屋顶，还可与篾条混合编织成墙体。麻杆房一般是低级的呷西的住居，现存较少，且多为牲畜圈或柴房。

图 4-22　麻杆房

3. 草房

在用竹篾编制蔑笆作墙之后，彝族人民进一步以土夯作墙。草房的牢固性不必过分担忧，用经过加工的结实圆木或方木为柱，围绕柱子夯筑土墙可增加其牢固性。这种民居建筑形式现今在昭觉、越西一带还有一些遗存，以昭觉古里巴姑村现存的草房为例，面积与麻杆房面积相当，平面内部没有明显的空间划分，但有“火塘”的设计。这种房子为土木结构，以石块垫基，夯土筑墙，即使传至四五代人也难坍塌。墙上开一门，较低，只有一米多高，没有窗户。

彝族草房（图 4-23）屋顶为双坡顶，柱上顶檩，檩上架椽，用草盖顶。檩、椽均采用没有精细锻造的树干树枝，相对来说较为简陋。稻草的上部被预处理稻草覆盖。高密度吸管顶不能被雨淋着或者被风吹起来。据村民说，后来房屋建得很高，有时把石头砌在了墙上，如果发生火灾，可以阻止火焰和风，控制火势，避免火舌伤害周围邻居。

图 4-23　草房

草房主要分布在多雨的山区地带。用土、瓦、木板建造，墙壁上设有屋顶框架。草房的划分方法很多，按草的材料来分有稻草房和茅草房（茅草比稻草耐久性好，茅草十年换一次，稻草三五年就要换一次）；按层数分有单层单间和两层三间；按草顶形式分有双坡草顶房和四坡草顶房，四坡草顶多见于红河中下游地区。

草房的出现是彝族先民在住房技术和形式上，继杈杈房之后的又一重大进步。在整洁的小屋中使用的檩、椽部件，虽然还是比较粗糙的天然材料，但是房子的形状很小，构造性的建筑形态是最原始的螺旋柱梁系统。它还没有达到更高层次的结构关系处理阶段，以解决住宅之间的问题。而且，平面构成也非常原始，没有各功能空间的分割。但是，茅草屋完全具备现代建筑的柱子、梁、椽、墙、门等结构部件，系统地组合形成了矩形的平面形状。房屋的主要组成要素如柱子和梁是手动处理的。

除了竹墙以外，还将经过加工的涂土墙作为墙壁来使用。通过特殊处理，屋顶材料也能更好地抵抗自然条件。草房的出现，将川西彝族的居住形态和建筑文化带入了文明时代。

4. 瓦板房

瓦板房（图 4-24）覆盖屋顶的材质是杉木、松木、沙松或栗木等好的木材，可防水、防风。这些木板起到瓦的作用，故称为“瓦板房”或“滑板房”。还有一种称为“闪片房”，这是因为屋内较暗，由屋内看屋顶，有斑斑驳驳的漏光，阳光在板片缝隙间闪烁，故称“闪片”。川西彝族民居建筑的平面布置形式多样，有矩形、“口”字形、“凹”字形、“回”字形等平面形式，其中以单一矩形为多见。瓦板房的房屋功能区分十分明确，屋内以锅庄石为界，被分为四个不同的功能区，锅庄右侧用彝语叫“牛莫”，是主人就寝、储存重要物品和祭祀祖先的地方，一般只有主人家才能进出，特别是供奉祖灵的地方更是禁区。锅庄上方在彝语中称为“甘尔果”，主要是客人坐、谈的地方，也是毕摩举行仪式的主要位置。锅庄下方在彝语中叫“甘吉”，是主人家做事、活动的地方，也是彝族举行婚嫁、丧葬仪式的主要场所。从甘吉到门左侧为牲畜圈舍，彝语中叫“呷泼”，在过去多为奴婢居住。现存彝族瓦板房主要有以下三类。

图 4-24　瓦板房

（1）生土墙瓦板房

生土墙瓦板房多分布于红河上游哀牢山地区一带和大、小凉山地区。夯土和土坯墙构成了土墙的种类，夯土墙的质量相对来说较为稳固。红河流域的瓦板房平面功能较简单，一楼主要是堂屋、卧室和厨房，二楼用作储藏，局部可作卧室。与凉山地区不同的是，此地区的二楼面积较大，除楼梯口，几乎整个覆盖一楼。大、小凉山地区的瓦板房则比哀牢山区的瓦板房高级，为了获取足够大的竖向空间，只在左右两边的侧间设置夹层，堂屋空间上下贯通。大、小凉山瓦板房的正屋（棚屋）由三部分组成：正中部分为客堂兼厨房，有如现代建筑的“起居室”，大门正中或稍偏的地方设一座锅庄（火塘），由三块石头支承，是全家老小起居、饮食、会客的生活中心。有些富裕家庭设的客室面积大约为外室的三倍。通常入门左侧为牲畜圈，其中常搭有放置饲料的木桁条。右侧为卧室或储藏间，也有利用屋架檩条上部空间作为储藏物品或招待客人的临时住所。

生土墙瓦板房的承重方式主要有两种：土墙承重和木构架承重。先在土墙上架梁，然后建造屋顶构架，最后把木瓦板从下至上交错叠盖在椽条上——铺好檐口这层瓦板时，需要用棕绳或藤蔓将瓦板绑成一个整体，然后绑在椽子上，再铺上层瓦板，以此类推。两侧屋面铺好后，屋脊后坡上的木板伸出屋脊至少 10 厘米，以防止屋脊漏雨。

哀牢山地区和大、小凉山地区的生土墙瓦板房的区别在于，哀牢山地区生土

墙瓦板房坡度比大、小凉山地区的大，哀牢山地区民居的屋顶瓦板主要靠捆绑，而凉山地区的屋顶瓦板用石块压住木瓦板。

川西彝族的呷西、阿加、曲诺及其他等级的居民房屋形式简单，以生土墙和局部桁架结构为主。平面与结构功能也与等级的高低有关，等级越高，平面功能越复杂，空间越高大。虽然不同方言区的建筑民居特点均不同，但是基本都保留了哈库和甘吉、呷泼的三分空间结构，这直接延续了汉族民居明间与次间的划分原理。

（2）生土木构瓦板房

在中华人民共和国成立之前，川西彝族地区还保持着较为原始的奴隶制社会，当地奴隶主（黑彝为主）把能够获取的最好资源都用在自己的建筑中，优质的材料、完备的技术、熟练的匠人，人力物力都集中于此，正是这样优越的条件让大型生土木构瓦板房（图 4-25）诞生于此，这种建筑形式不仅技术精湛，更是融入了彝族自身的艺术审美，堪称民居典范。黑彝民居的院落形式一般由住屋、碉楼、牲畜屋、奴隶屋等围合成一个院落。黑彝住屋最典型的是四川凉山州美姑县斯干普乡黑彝水普什惹的房屋。该屋正房属单栋建筑，长 22.88 米，宽 11.64 米，高 7.2 米，独踞山头，气势雄伟。该屋平面分为三部分：正中为堂屋，堂屋内设火塘（锅庄）；右边是卧室，分主人、儿子、女儿三间；左边放粮食和养马。正房为单层建筑，但在左右两边和堂屋入门上部都设有夹层，作存放物品、临时客房和战时瞭望之用。正房采用木构架承重，整个住屋的木构架由两千多个部件组成，包含了两种木结构形式：一种是多柱落地式穿斗木构架，可有三柱落地、四柱落地和五柱落地等，变化灵活；另一种则是悬挑拱架式，为了解决堂屋中近 11 米宽的结构跨度，工匠利用杠杆平衡原理，采用悬挑拱架结构，从六个方向向正中层层出挑，加大了室内结构跨度，让房屋的负载通过垂柱先施加到牛角挑，最终传递到落地支柱，外檐也采用多层出挑。正面墙体结合木构架和大门，采用木板墙，其余三面墙采用 0.6 米厚的夯土墙。木板墙上方有小窗，形状各异，具有通风、透气、瞭望、装饰等作用。在前檐的垂柱上还装有木头南瓜或两只上翘的木头牛角，在前后檐、内部挑梁和垂柱上雕刻有各种精美图案，如南瓜、花叶、牛头、羊头与日月星辰等，并施以彩绘，彩绘多用黑、黄、红等色彩。屋顶为悬山式，屋面做法与凉山地区普通闪片房的屋面做法相同。

图 4-25　生土木构瓦板房局部

（3）井干式瓦板房

井干式瓦板房（图 4-26）又称为“木楞房”“垛木房”或“木罗罗”，这类瓦板房多分布在大、小凉山地区以及云南楚雄州的大姚、南华一带。木楞房内外墙壁采用去皮圆木或方木，两端砍出卡口，墙角处交叉相接，层层叠叠而成。内隔墙的木楞也交叉外露，显出一根根叠积的圆木。部分地区会采用给木缝抹泥的办法来抵御寒风。屋顶悬山式，前后左右出檐皆在 0.6 米以上，防止雨水滴下使室内变潮，屋面做法同前述土墙式瓦板房的做法。凉山彝族阿加居住的古老的木楞房功能简单，平面尺寸较小，且只是将卧室与堂间分隔，已有初级的火塘出现，由三块石头搭建。

图 4-26　井干式瓦板房

木楞房的平面形式一般为矩形，面阔限于木材长度，最多达 7 米（可分为两间），进深 3 ～ 5 米，门居中或稍偏左。平面也是三分式划分，较古老的住房通常在面宽范围内分为左、中、右三个部分，中间两三米宽的空间为堂屋，右部两米多宽靠墙的空间为卧室，左部一两米宽的空间多为板壁分隔的谷仓，离地 0.4 米以防潮。住宅前后墙有两米多高，在两米以上设夹层作储藏用，夹层左、后、右三边靠墙，进门处留约 6 平方米的空间，上下贯通。这类住房只有火塘而无厨房，外墙很少开窗，室内光线较差。随着社会发展，后来的住屋多扩建有厨房。厨房多建在正房前部，即将双坡屋顶的前坡加长两米多，另围外墙，而后部住屋的平面形式不变。

5.青瓦房

川西彝族聚居地多为高山峻岭，高差大，河谷深，因此山脚和山顶的建筑形式也有不同。河谷雨水充沛，一般的竹瓦、木板瓦等易于得到的材料，都很难抵御长时间的雨水侵蚀。因此，汉族的烧瓦技术便从汉彝杂居的地区流传开来，进而形成了具有历史文化特性的青瓦房。青瓦房（图 4-27）大多都建在靠近城市、地势平坦的地方，这种地区往往道路通畅，地理条件优越且经济发展更为便利，更易受到汉族文化的影响。这种建筑形式与前面提到的其他材料的坡顶房在空间划分上已有较大差异，多由正房与厢房组成封闭的院落，三间正房是最主要的室内空间，中间的明间是全家人平日活动最多的厅堂，紧挨着厅堂的另外两间正房多为长辈使用，展现了彝族敬重长辈的优良传统。两侧的四间厢房则多为晚辈居住或用作他途，角楼则主要用于储物，如储存粮食和其他生活必需品。这种民居建筑由于有单独的牲畜圈和厨房，所以与上述相比最大的特点是人与牲畜的分离、火塘与厨房的分离。

图 4-27　青瓦房

青瓦房的平面保留了彝族民居的传统形式——三间式的划分形式、火塘及两侧夹层。与瓦板房不同的是，青瓦房的平面形式也吸收了汉族民居的优势——单独的厨房、厕所和牲畜圈，人畜分离，动静分区，达到了更好的居住体验。平面上正房一般较大，而厢房的进深和开间都较小。空间上保持了彝族民居的特点，堂屋通高，左右分为双层空间，下层为卧室，夹层为储藏空间。

青瓦房又因为墙身材料的不同，可以分为土墙式青瓦房和井干式青瓦房。土墙易于取材和夯筑，且保温隔热性能较木楞墙好，因此在川西彝族的河谷地区，土墙式青瓦房占大多数。

（二）平顶房

平顶房又叫土掌房，依据房顶的特点可分为以下两类。

1. 全平屋面土掌房

彝族全平屋面土掌房（图 4-28）主要分布在红河流域和金沙江流域的干热地区，或在与凉山的交界处。它具有三大特点：①全平屋面土掌房的设置克服了地形限制，设有生活所需的农作物晾晒场地；②全平屋面土掌房保温隔热性能好，住屋冬暖夏凉，适合干热地区和雨量少的高寒地区；③全平屋面土掌房就地取材，建造方便，造价低廉。一般来说，全平屋面土掌房有两层和单层两部分，有楼层存粮间，单层房顶用于晾晒农作物或堆放粮草，是因彝族农村生产需要而形成的特色。加上村寨建于山坡，房屋层层叠叠、高低错落，构成了村寨民居建筑丰富的立面轮廓。

图 4-28 彝族全平屋面土掌房

全平屋面土掌房是木梁支撑，采用土坯或夯土外墙、木板或土坯内隔墙。在一些地方，土墙是部分承重的，如红河地区。当墙体承受荷载时，在梁和木脊下方的墙体顶部增加一根木质水平梁，可以达到分散压力的效果。屋顶和地板的结构也很独特：木梁上有木脊，间距小且不规则；有的甚至铺柴草、垫土、拍紧；有些用土坯填充，然后用泥浆涂抹，一般可以使用 30 ～ 40 年。富裕的人可以在上面涂一层石灰，以更好地保护屋内免受雨淋。

泥土漏雨是难以避免的，届时拍打一番，再抹泥即可。有的屋顶的低洼部分还长着青草，说明其内含有足够多的水分。木材受到潮气的影响可以换一根木材来继续工作，这种工艺方式也是比较简单可操作的。这类民居建筑通常为一宅一户，适合独家独户，也可拼接形成聚居院落。在通常情况下，全平屋面土掌房可以分成有内院和没有内院这两种。

（1）无内院的全平屋面土掌房

无内院的全平屋面土掌房整个平面形状也是不一样的，有长方形的、曲尺形的，等等。其中，方形平面是常见的典型形式，长方形和曲尺形是在方形基础上的变形。没有内院的原因：一是气候炎热，可以避免阳光直射，获得更好的室内小气候；二是过去小偷多，天井不安全；三是可以增加一些太阳能农场的面积。房屋分正房、厢房、晒台等几部分。正房面阔三间两层，前面带廊或无廊，可谓标准单元，也是建造单元，屋顶都是平顶。底层明间是堂屋，次间是卧室，或一边是卧室，另一边是厨房，楼梯在次间。楼层楼面用料也是泥土夯实，或填土坯抹泥，用来存放粮食。廊子一般是单层，厢房是1～2间，同样为单层，根据家庭人口多寡，分别用作卧室或厨房或杂用。土掌房顶又叫晒台，在正房楼层有门通往晒台。仅有正房无厢房的住宅，在晾晒农作物时需要在室外搭竹梯上下。

（2）有内院的全平屋面土掌房

一般有内院的全平屋面土掌房的平面形式为曲尺形，并且在正房前面会修建单层的廊。厨房贴于正房端部，层高较高，前有采光天井，因而厨房采光通风良好。盐源县、德昌县彝族民居中就有含有内院的土掌房形式。正房与厢房组成院落，日常生活必需的空间场所都在其中。

2.局部草顶或瓦顶土掌房

局部草顶或瓦顶形式的土掌房基本平面是方形、曲尺形、三合院、四合院等，房屋占地小，正房面阔三间，面对前面修建厢房（又称耳室），明室前是庭院，比一般的三合院小得多。入口一般布置在中间，前部和后部地面之间有高度差，主次空间清晰，屋顶也是层层叠叠，比较灵活。这种民居建筑一般出现在高寒地区的木里藏族自治县、盐源县等地区，而且每家每户都有土掌房和瓦草房这两个部分的。瓦草房是正房，盖有两层草顶或瓦顶，硬山或悬山式外观，正房有前廊及厢房，一二层是土掌房，个别厢房有部分瓦顶或草顶。此类型民居混合了土掌房和瓦草房的优势，既有土掌房的晒台和保暖性，又有草顶的方便排水和简易性，两者达到了完美的结合，是土掌房的改进形式。

二、川西彝族民居建筑的营造

由于川西彝族地区的自然环境、风俗风貌、生活生产方式等方面的独特性，其民居建筑有着与其他地区、其他民族建筑不同的营造之道。下面就从地基、大木作、门拱、墙壁、屋顶、小木作与装饰物等方面进行详细探讨。

（一）地基的打造

一座建筑物的产生需要地基的承载，只有打好地基才能更好地承受更多建筑物的竖向负载。川西复杂多变的地势增加了建造房屋的难度，可以说这些民居建筑蕴藏了彝族人民丰富的智慧。一般情况下，地基有天然地基和人工地基这两种。如果采用天然地基，在选址时就要充分考量地势和修建方式。一般山腰和山顶的平整地带的土层有充分的承载力，只要稍加平整就可以平地起屋。但是，这种地基要在干燥的环境中，不然容易沉陷。由于川西地区的地貌复杂多样，境内有属大雪山脉南支的锦屏山、牦牛山、鲁南山、小相岭、黄茅埂等山，多数山峰海拔超过四千米。高山、深谷、平原、盆地和丘陵交织在一起，高度差异很大，不仅构成了一种特殊的地貌景观，而且具有自然生态环境的多样性，使彝族民居建筑多采用人工地基的方式来建造。大部分人家的人工地基多用夯筑土石或是条石堆砌的方式，还有一些家产丰厚的家庭会在地基中加埋柱础和锅庄。柱础也大多采用当地易于获得的石料，形制受到汉族柱础的影响，但相对更高，大多超过地面一米左右。另外，川西彝族的聚居地多位于山区，山势崎岖，所以要依据山势砌条石来平整地基，便于后续民居的修建。在山脚与河谷地带，雨水较多，因而当地彝民会在建筑周围挖一条沟，作为散水之用。

（二）大木作的构造

大型木结构是指木框架建筑的主要承重部件，如柱、支撑、屋架、斗拱等，同时也是木结构建筑比例、规模和外观的重要决定因素。

1.柱的构造

按房屋的位置与使用功能，川西彝族瓦板房中的柱子可以分为中柱、落地柱、抬柱和檐柱。柱子的选材通常以直径 18 ～ 20 厘米为主（中柱要求更长），并以较为顺直的杉木为佳，其长度以 5 ～ 6 米为准。柱子在采材时要求梢部朝上，根部向下，仿造树木在自然界生长状态。柱枋也要求根部和梢部在同一方向上，房屋中最高的中柱更是注重选取树干笔直且无节疤的木材。一般民居柱子和穿枋都是使用木材，但是富裕人家会使用石材做柱础，个别人家还会在柱础上饰以纹理，并且不同位置的柱子采用不同的柱础。

2.枋的构造

枋的运用在彝族民居建筑中具有不同于汉族建筑的特点。由于屋顶的轻便性，彝族民居建筑的横向结构也相当简略，没有汉族古建筑的枋复杂。一般柱间横向用拉枋，其位于柱子的中间部位，而柱子顶部的檩子就直接起着柱间上部拉枋的作用，这样就构成了彝族民居建筑横向的结构体系。

连接落地柱和抬柱榫孔的构件叫穿枋，它与柱子共同形成一个非常重要的排柱架。穿枋一般长度为 3 ～ 4 米，宽度为 19 厘米，厚度只有 5 厘米。穿枋也选用杉木，通常用较为直通的树干，用锯片改割而成。穿枋有两种类型：一种用于两侧挑檐的穿枋，其长度较长；一种用于内部直通型的穿枋。前者用于两侧挑檐呈单牛角状，后者用于中柱及其左右柱架。川西彝族民居的屋檐下有时会出现横枋，用于连接檐枋。由于横枋的结构功能相对较小，因而常被制成各种形状，如图 4-29 所示。又如，昭觉民宅屋檐下的横撑就像一把长剑，有一个把手和三个尖头，形式栩栩如生。据店主说，这种形式具有城镇住宅的含义。

图 4-29　川西彝族民居檐下的横枋

3.屋架的构造

《考工记》中记载："匠人为沟洫，葺屋三分，瓦屋四分。"由此可知，在战国时期前人就已经对草顶和瓦顶屋面的坡度有了不同的规定。川西彝族民居建筑的举高与进深之比为 1 ∶ 4 ～ 1 ∶ 3。与汉式木构建筑一样，川西彝族民居建筑的屋架结构也是多样的。

（1）穿斗式结构的构造

川西彝族民居建筑大多为穿斗式结构（图 4-30）。穿斗式结构无论是在生土木构瓦板房中，还是在全木构瓦板房中，都被广泛运用。生土木瓦房屋一般与桁架结构相结合共同承担荷载，而整栋木瓦房屋与搧架结构间隔使用。这类民居建筑的做法与汉式穿斗式结构的做法类似，即沿屋的进深方向按檩子数目纵向立排柱，使每根柱子上都架一条檩子。不同的是，檩子上不设椽子（排柱上设有单根椽条）。每排柱间纵向密施穿枋，屋顶到柱高 1/2 处层层设枋，由此构成穿斗式结构的一榀构架。每两榀构架间由檩条和拉枋连接，形成川西彝族独特的穿斗式构架。檩柱间每隔一根或多根增设不落地的柱，由于檩柱距间距较小，所以不落地柱可以骑在纵向穿枋上。穿枋纵向贯穿全屋，两头出挑起挑梁作用。与汉式穿斗式结构相比，川西彝族穿斗式结构简单而实用，既没有复杂的斗枋，也没有椽条。

图 4-30　穿斗式结构

（2）桁架式结构的构造

川西彝族民居建筑中桁架式结构的运用不及穿斗式结构普及，但其运用的形式很有特色，一般较普遍地运用于房屋纵向跨度不大的土木构架的建筑中，尤其是在彝汉杂居区。其结构特点是吸收了汉族地区抬梁式木结构建筑形式的优点，主要与穿斗式结构结合使用，被广泛运用于土墙房中。

与此同时，这种结构的房子对层高没有太多的要求，所以导致桁架结构层数比较少，通常只有 1 ～ 2 层，主要用于没有搧架结构又想要获得较大的室内空间时。它节省材料，通常用于经济条件差或奴隶社会等级较低的穷人的住房。

（3）井干式结构的构造

井干结构是一种无柱无梁的房屋结构。这座建筑的形状就像一口古井上的木栅栏，然后在左右两侧墙上竖起一根支撑檩条的矮柱，形成一座房子，如图 4-31 所示。在原始森林丰富、河流资源丰富的小凉山地区，彝族人使用木材筑屋，在木缝内外涂抹泥土，然后用木板将瓦制成屋顶。但由于结构的限制，井干式民居建筑普遍较小。

图 4-31　井干式房屋

（4）搧架式结构的构造

搧架式结构也称拱架式结构，是川西彝族建筑中最具民族特色的屋架结构之一，较少见于汉式建筑中。也有学者认为，这是一种隔多柱落地穿斗式的变种。常见的穿斗式结构是垂直或水平的，但川西彝族的搧架结构，除了纵向和横向，还有斜向的结构。概括而言，川西彝族搧架式结构大致可分为跨度较小的仰视结构，类似于汉字的“一”字形、“十”字形，和跨度较大的无横向搧架的“※”形。搧架式结构大多与穿斗式结构相结合，形成了川西彝族独有的大型全木瓦房。

在大型全木瓦板房中，搧架结构多用于主厅，主柱安排在前后的屋檐，每搧榀沿进深方向穿过斗式屋架的各层支撑，从屋檐柱开始，同时由下向上悬垂。悬挑的方头做成牛角拱形，相邻的内檩条柱从檐柱到内、外侧并从下到上逐层支撑，直至屋脊下悬挂的中柱，大厅左右两侧的中柱为主柱，横梁被放在大厅的中心，然后以同样的方式悬挂，形成纵横交错的一榀榀的搧架。这种搧架结构是彝族工匠根据业主住宅的实际施工要求灵活设计和使用的。如果需要更高的楼层高度，建筑物的搧架框架将更大，并且将有多个级别的搧架框架。因此，这种建筑形式需要大量木材，更适合森林植被较好、木材供应较便宜的地区。在川西彝族奴隶社会中，等级较高的富裕家庭大多采用这种结构形式，甚至是一种富有的象征。此外，川西彝族民居建筑的屋架结构上还有瓜柱，位于每榀构架的正中处，用于支撑脊檩的重量。在这种结构中，屋顶重力传递有两种解决方法：一种是将重力从檩条传递到檩条柱，然后从上到下传递到每个牛角拱到屋檐柱，或者按照相同的原理将屋脊重量传递到大厅的左右中柱，最后重力被传递到地面；二是以屋檐柱为中心，让穿过屋檐柱的支撑在屋檐柱的内外两侧相互平衡，并利用悬挑牛角拱来平衡屋檐柱内外两侧立柱传递的部分屋面荷载。

4.斗拱的构造

汉族建筑中斗拱是最具结构特点的构件，常用于房屋柱顶、额枋、屋檐或梁架。在不同的时代它有着不同的称呼，如在宋代的《营造法式》中它被称为“铺作”，而在清代的《工程做法》中则是被称为“斗拱”。斗是斗形木垫块，拱是拱形的短木，拱架在斗上，向外出挑，拱上再安设斗，依次垒上形成托架。川西彝族全木构瓦板房位于檐柱上的十字形搧架就是汉族斗拱的简化。十字形搧架穿插于檐柱，两侧支柱直接承接檩子和排架椽子，其作用与汉族斗拱一致，只是传递载荷的方式略有不同，也可以说川西彝族全木构瓦板房的十字形搧架是汉族建筑斗拱的演化，两者有明显的承继关系。川西彝族民居建筑中的斗拱分为内檐拱、外檐拱（图 4-32）和转角拱。内檐拱和外檐拱一般在穿枋枋头处，榫卯处做成水牛角状，其上饰以竹节状花纹。转角拱也较汉式转角斗拱简单，和挑檐拱一样，由室内穿枋直接伸出承重。

图 4-32 外檐拱

川西彝族民居的搧架结构是以榫卯插入为基础的。这样的形式与斗拱的结构体系非常一致。与同时期的汉代斗拱相比，二者具有相同的特点：有檐柱、柱头、支撑和檐檩，都属平面系统，不构成三维系统。不同之处在于搧架体系的拱直接插入柱体，而汉代的斗拱则有明显的柱头大斗构件。汉代斗拱直接支撑檩条或横梁，而搧架体系中的角拱是通过檩条下的短柱间接支撑檩条，同时发生作用的。

汉式斗拱经过多年的完善逐渐成为立体承力结构，横向纵向同时出挑，这种相互牵制的承力结构让建筑的部件与整体之间联系得更为紧密，建筑结构也更加稳固，这种方式既保证了内部空间的完整，又能保障结构的稳固，在宫殿、寺庙等大型建筑中被广泛使用。搧架结构中的牛角拱虽然在檩条下与短柱连接，形成了类似于斗的竹节连接构件，其承载条件有梁式提升结构的影子，但始终没有像斗拱结构一样向立体形式发展，仅保证了进深方向的平面拱架体系。这不仅是川西彝族社会形态落后导致科技水平无法提高的表现，而且是川西彝族社会缺乏大型官邸的结果。因而搧架结构始终保持与原低层斗拱结构相同的特点。

（三）墙壁的筑造

川西彝族民居建筑中常见的墙壁类型主要有生土墙、木板墙、木楞墙和石砌墙，其筑造方法和用途各不相同。

1. 生土墙的筑造

川西彝族民居建筑的普遍形式是板筑生土墙（图 4-33）。建筑物的所有墙壁都是用板筑生土建造的。除了凹形走廊是木构的，剩下的都是由土墙构成。

图 4-33　板筑生土墙

我国古代大部分的民居都是这样建造的，因为板筑生土墙有其独特的优点，具体如下。

（1）取材便捷

川西彝族聚居地多在山区，土量丰富，土质较好，取之不竭，用之不尽，生土墙式民居建筑也由此应运而生。

（2）保暖性好

板筑生土墙的夯筑方式和汉式板筑院墙的筑造方法是相同的，只是厚度稍薄，为 25 ～ 30 厘米。板砌生墙施工顺序为顺时针方向夯实墙体各边，墙面刷牛粪土调和漆。因为该地区的高寒气候，冬季严寒，夏季日照长，季节温差大，牛粪温度变形系数接近土壤温度变形系数。因此，当牛粪应用于墙体表面时，墙体不会因冷热系数不同而开裂。通过这种方式，厚墙将紧密地封闭室内空间，并保持室内温度。同时，有效的表面处理方法既保证了墙体的强度，也延长了墙体的使用寿命。

（3）防御性高

川西彝族建筑文化是以特定时期的社会文化为基础的，坚固厚重的墙体在具有保温作用的同时，还可以作为抵抗防御的围墙。

2. 木板墙的筑造

川西彝族民居建筑中的木板墙（图 4-34）一般在木构瓦板房民居建筑和生土木构架民居建筑中出现。因为一些外部条件的影响，木板墙通常都被用于室内，因为外部使用这类墙达不到保温和防卫效果。因此，外部木板墙更多是和板筑土墙（或石墙）结合，用在外部凹廊处或土墙外层，主要起装饰作用。

在木瓦屋中，中央凹形走廊的外墙为全木墙。一般分为三段：墙高 1/2 以下为第一段，柱子之间加木框箍，墙内嵌木板，有许多复杂图案的木板，门也位于第一段；第二部分为墙高的 1/2 ～ 3/4部分，这部分一般会打开小木格花窗，木窗形式多样，是主屋正面的重要装饰区域；超过 3/4 墙高的部分为第三段，仍采用木框箍嵌木板，但拼接形式简单，多为平行拼接或 T 形拼接。如砌砖。木墙也有防御性设计，如凉山博物馆的仿伊诺区木结构瓦房，住宅楼中间的木墙内有夹层，夹层处开有一个方形小射洞用于防御。

图 4-34　木板墙

侧厅与门厅之间的隔墙一般采用内木墙。在二楼的地板高度以下，两侧之间必须有一堵木墙。木板是简单组装的，大部分是平行的，并且有一个连续的木制格子花窗设计。当然，这里木窗的主要功能不是采光，更多的是展现装饰效果。在木瓦板房两侧之间的第二层楼板上方，穿枋和檩条柱之间嵌有木板，形成一堵木墙。

3. 木楞墙的筑造

木楞墙（图 4-35）被用于建造井干结构，一般位于植被茂盛、气候干燥的山顶。木楞墙是承重墙，檩条直接建在墙上，房间里没有柱子。木楞墙的结构很奇怪，会在圆木或半圆木的两端开槽，垂直固定，组合成一个长方形木框架，然后分层堆放成墙。此外，如果有室内分隔，情况会复杂得多。木楞墙还采用圆木和与外墙交叉连接的方式，因此连接处需要更多的卡口。由于木材的长度有限，统一长度更是困难，因此木楞墙体的开间和进深一般由树木的长度而定，较少开窗，主要的采光口是门。木楞墙一般不作外在装饰，保持木材的原有色彩，有些甚至不去除树皮，看起来有一种粗犷的自然美感。

图 4-35　木楞墙

4. 石砌墙的筑造

在山石较多、离茂盛植被较远的山区，川西彝族人民就地取材，建造了石砌房屋（图 4-36）。其中包括全石砌墙，也有用于通风的半石砌半木构的墙体，木料不够的还用草秆、篾条代替。另外，彝族人一般以家庭为建造单位，房屋由围墙围绕起来，石砌墙正好是简易又快速的建造方式。

图 4-36　石砌墙

（四）屋顶的设计

川西彝族民居建筑屋顶有坡屋顶和平屋顶之分，且其设计各异，具有较浓的民族特色。

1. 坡屋顶的设计

坡屋顶的设计按屋顶材料又分为以下两类。

（1）木瓦板坡屋顶的设计

“万物格霏观”是以生物雌雄性属为源发展起来的，意为世间万物不论是有生命的还是没有生命的，都有“格”有“霏”，二者之间相互联系、相互依存，却又相互对立、此消彼长。生殖繁衍都是依靠“格霏”来进行的。这种观点是彝族先民留存下来的朴素唯物论，因此彝族人认为万物与人类共生。在川西彝族的民居建筑中，正房的屋顶大多建成双斜面“人”字形，从高矮前后的区分中，展现“格”与“霏”的差别。如果以正房的门户方向为参照，门户墙面所对应的半坡屋顶被称为“格”，而与之相向的另外一面半坡屋顶则被称为“霏”。在空间关系上，两坡屋顶交接处“霏”顶向上伸出屋脊，“格”顶位于“霏”顶之下。据当地人的解说，这种在半坡屋顶中体现出的“格”与“霏”的关系，是出于彝族对于家庭的重视，隐含人丁兴旺、人口兴盛的美好愿景。然而，顶部的“霏”和底部的“格”的标准实际上是一个特例。一般来说，区分标准是“格”在顶部而“霏”在底部，前面是“格”，后面是“霏”，左边是“格”，右边是“霏”。

另外，作为建筑部件的瓦板，也能通过“格”“霏”的方式进行区分，瓦板在上的是“格”，在下的被称为“霏”，但是每隔几年就会将上下“格”“霏”互换，这样能晾晒到每片瓦板的方方面面，从而更好地达到防潮的功能。这个例子很好地诠释了“格”“霏”之间相互依存、相互对立而又相互转化的密切关系。川西彝族人非常看重家中住房的瓦板，认为瓦板带有家人的气息，与家庭密切相关，是十分重要的财富。川西彝族历史上有频繁迁居的行为，迁居时旧居屋架、柱梁等统统抛下，但一定要带着屋顶瓦板，并代代相传，川西彝族人对瓦板的珍惜可见一斑。

川西彝族木构瓦板房一般不开窗或少开窗，门以低矮为善，主要是从防风、保暖的角度考虑。川西地处山区，春冬两季风大，为了保持屋内温度和湿度，所以通常只开一个小门。但是室内又有火塘，火塘的使用又会产生大量的二氧化碳，危害建筑内人畜的安全，所以为了保证室内的有害气体能够顺利排出，就出现了屋顶错缝的结构。门窗用来进气，屋顶的错缝用于出气，便于屋内气体的流动，形成“大门 — 火塘 — 屋顶错缝”的屋内空气流动布局。这也是川西彝族木构瓦板房为什么要求开门处的屋顶瓦板在下，屋顶后的瓦板在上，以及开窗须开在屋檐下口的真实原因。

“格”“霏”屋顶之间会形成一定角度的高度差，又因为高度差的缘故形成“天缝”（交错缝）。交错缝主要有两种功能，一是采光，二是通风。光线随交错缝映入户内，形成独特的光影，为门窗面积相对较小的建筑补充光照；火塘的使用会产生许多污染气体，堆积在室内对人体容易产生不利影响，而交错缝的存在就类似其他建筑结构中烟囱，便于通风换气，加快屋内气体的流动，火塘烟尘日夜的熏烤也使得屋顶的瓦板逐渐变黑，更易于防虫防潮。同时，“霏”屋面搭接到“格”屋面处，还自然形成了滴水的构造，防止了雨水的回流。川西彝族民居屋脊交错缝的设计独特而巧妙，既切合当地的地理环境，更展现了彝族建筑的文化与底蕴。

（2）草坡屋顶的设计

草坡屋面是川西彝族民居设计中较为简单的结构。从下至上把草由檐口到屋脊顺序叠加铺盖，每层草上压篾条，篾条和屋架拴紧，到屋脊处时两边的草交叉，然后在顶部铺草，并且放上篾条，用绳子勒住篾条和木柱，并用较低的木梁将草夹在屋脊上。川西彝族草坡屋顶的柱网布局与其他形式的彝族房屋相似。这些柱子分为四排和三排，将室内空间分为三部分。外周柱通过环梁连接，两个中间柱抬高，柱头通过水平脊檩条连接，水平脊檩条伸向两端形成脊。其次，中间柱的柱头与前后金柱的柱头对角线连接，整个排柱在深度方向上与承重支撑连接，在其上设置脊和底板以形成稳定的三角形应力结构。然后，最外围的圈梁和屋脊檩条以木条作为椽子斜交叠置。椽子用横向细木条捆绑，以支撑上层的茅草或稻草，草上覆盖泥土以保护草，提高建筑屋顶的耐久性，即形成茅草屋的四坡屋顶形状。这种屋顶结构简单，所以稳定性和坚固性差。屋脊只分隔了建筑物的屋顶空间，当建筑空间紧张时，可以储存物品或居住在上面，但二楼没有空间。

（3）青瓦坡屋顶的设计

瓦屋顶与草屋顶有着相似的做法，这是因为瓦屋顶是在汉代建筑技术影响下草屋顶演变的结果。由于当时烧瓦技术的成熟和普及，建筑的屋顶材料已从草转变为青瓦。青瓦的物理性能优越，还可以直接挂在椽子之上，不需要承托在其他部件上，但这样的结构也消减了原本用作保温功能的构造部分，降低了建筑内部

的舒适性。

2.平屋顶的设计

平屋顶（图4-37）实际上是前面提到的彝族土掌房，与藏式石质建筑非常相似，具有相同的屋顶和相同的厚度。当土墙风干、晒干后，把加工好的圆木头架放到墙顶上作为主梁，再酌距离搭放一些横梁，接头处用加工好的榫口卡接，一卡接上去，往往就严丝合缝，牢固难散脱，也有的是在接头处再钉上一些长钉子。在其他空间，将厚度均匀、表面光滑的木板和木块平行放置。木板和木块之间的空隙被松枝、柏枝、竹枝和蕨类枝填满。然后在顶部铺上一层厚厚的山茅草，草上再涂上一层赤泥，最后在顶部铺上一层干红土沙泥，锤击之后，就形成了平台房顶。

图4-37　平屋顶

半圆木根根紧连，用以支撑上面的松毛，能够起到望板的功能。松毛自身就带有油脂，能够隔热保温和承托生土，并且还具有防潮的作用，以保护下面的木结构。压实后的生土可以防止雨水渗透，起到了地砖的作用。但由于压实后的生土平整坚实，且所需排水坡度小于瓦片，平屋顶上无法砌筑瓦片。同时，由于生土具有很强的隔热性能，在干热气候下，室内环境的舒适性大大提高。

（五）小木作的构造

小型木制品是指在建筑中的非承重木构件，包括门、窗、家具等。

1.门的构造

门又分为院门、大门和隔断门。

（1）院门的构造

院门与围墙构成一体，但是川西彝族较为注重风水观念，尤其忌讳院门与正房门相对而开，一般院门开在正房的侧墙或后墙处。其一方面起到防风保暖和保护私密性的作用；另一方面也起到军事防卫作用，因为碉楼设置在院墙的转角处，进入院门区域的敌人首先就会被碉楼的射击孔火力所覆盖。因此，院门、院墙、碉楼共同组成川西彝族民居的防御体系。院门有单扇开，也有双扇开。一些顶部有屋檐，有些没有。

（2）大门的构造

川西彝族民居一般只有正门，正门是建筑的主要采光口，也是家庭出入室内的唯一通道。入口门的设计有特定的规则。首先，入口不在主房间的中间。根据川西彝族的传统，入口门在正厅的左侧，由彝族祖先古侯氏支部的人打开，右侧由屈聂氏支部的人打开。

一方面，这种入户门的设置方位能够让屋外的寒冷空气不直接面向堂间；另一方面，入户门还有特别的双层构造设计。木门通常由前门和后门两部分组成。前门只能向外开启，由几根（总数应为单数）垂直木条加三段木横档钉牢，并在垂直木条顶部雕刻一些图案。后门由实木制成，只能向内打开；上半部分呈拱形，下半部分呈矩形；门很窄，门下有一个几十厘米高的门槛，门脊有一个精致的木插销。微妙之处在于，由于山上的强风，门闩会从门的内侧巧妙地将门锁在门外，以避免门被风吹开。后门是主门，可在夜间或恶劣天气下关闭。平时，前门是可以关闭的。此外，大门上通常有一个门楣，门楣上刻着象征着神灵的图案，如太阳、月亮、鸟类和动物，以表示敬畏和崇拜。

（3）隔断门的构造

川西彝族民居建筑内部一般不设正式的门，只开设门洞，即隔断门。这类门主要开向卧室，床直接挨着卧室门，用布帘遮住。另外，堂间至生产资料用房也开隔断门。

2.窗的构造

窗户分为两种，一种是内窗，一种是外窗。

（1）外窗的构造

川西彝族传统民居的墙壁几乎没有窗户。即使有窗户，也经常出现在木构瓦房里。

以前的窗户基本不为满足采光的需求，更多的是为了通风瞭望或是满足装饰的需求。窗户全都是用木头制作的，这种木格花窗是彝族工匠手工组装而成。窗户制作得非常小。在拼接过程中，不使用钉子固定，取而代之的是用小木条做三维拼接，以描绘设计的图案。最后，使用木框架将木格箍挤压牢固。窗户多设置在凹廊的木墙上。窗户上面的样式大多是工人们自己创造的，老宅中的木窗大多是由简单的几何图形通过多次重复设计出的花样，这种图案具有一定的规律性，除此之外也会有一些自然物的形象在图案中体现，如玉米、麦穗、山体、河流、花朵等，但这些形象往往不是十分具象，而是被抽象化后融入图案中。不同的图案有着不同的内涵，如一些图案就代表着“权利”和“财富”等。现在的花窗样式则受到了汉族民居的影响，出现了新的纹样。

（2）内窗的构造

部分川西彝族民居除在外墙上开有很少的木格花窗，也会在室内木板墙上添加一些木格花窗，这些花窗没有了原本的采光功能，只做装饰之用。

3.家具的构造

川西彝族人的生活方式决定了他们的家具并不多。一般入口右侧放置橱柜，锅庄前方放置供奉祖先与神灵的柜子，锅庄上方用木条搭一个架子来烘烤食物。床融入了房屋结构中，只开设一个门洞，用布帘遮挡。现在，部分富裕人家也会添置木床和弹簧床，以及电视、沙发等家具。这说明彝族人也开始逐渐步入现代化的生活。值得一提的是，彝族民居瓦板房基本上都有一个半夹层，用来放置生产资料等物件，但是并没有楼梯，因此几乎每个彝族家庭都必备一个木制梯子。

（六）装饰物的摆设

装饰艺术具有相当明显的依赖性。它通过美化和修改其他事物而存在。由于其他事物的发展为装饰提供了更多的前提和可能性。川西彝族民间文化为装饰艺术提供了广泛的题材，其手工业的发展也为装饰艺术提供了大量的装饰载体。彝族文化与川西文化的巧妙合作，使两种文化充满了艺术气息。

川西彝族的装饰符号主要是对现实生活中具体事物的抽象，包括动植物图形、神仙鬼怪图形、生产和生活工具图形等。从图形原型的角度出发，这些装饰符号大致可以被分为植物类、动物类、人文类和自然类。符号最基本的功能就是体现能指和所指之间的关系，川西彝族装饰艺术符号的能指是装饰图形本身，而所指则是这些图形背后所蕴含的民俗价值。

作为川西彝族建筑文化的载体，民居建筑在装饰上处处体现了彝族的民俗文化。民居在锅庄石、大门楣板、檩柱柱头等上面刻画有丰富多彩的花纹、线条和图案，体现着彝族特有的图腾文化，如图 4-38 所示。在屋檐檐口处设吊瓜，瓜头雕刻成各种样式，有餐具、农作物样式；锅庄石上雕刻有太阳，以及以圆形为基本图形雕刻出来的连续纹样，在圆的中间还会添加一些其他的纹饰，如星星纹等。立柱上刻有代表高山的锯齿形和代表水波或蕨草的简单连续图案等。

图 4-38　彝族民居建筑上的图腾

此外，竹子也是重要的图腾对象。在檩条柱和横枋牛角拱的连接处，将卯结构制成竹节，雕刻花纹在竹节上。总之，川西彝族民居的装饰主要集中在屋外的屋檐上，装饰图案因地而异。建筑构件上绘有各种自然图案、动物图案、植物图案、生活图案、生产图案和文化图案，如指甲纹、山纹、波浪纹、鸡眼纹、铁链纹、墙垛纹、鹰翅纹等。而在屋内的梁坊、拱架、立柱上也常雕刻有牛头、羊首，横坊坊头也做成牛角样式，穿坊端头则悬挑牛角状撑弓。可以说，彝族民居中的陈设主要用来体现他们的宗教信仰，即祖先崇拜和自然崇拜。彝族人都喜欢将包含家庭几代人的全家福悬挂于门楣以表对长辈的尊敬和对美好生活的热烈表达。此外，彝族人还将虎皮或牛角挂在门边或墙上以求庇佑，或者将收获的农作物（如辣椒、玉米等）悬挂于穿枋上以表达对自然的崇拜和感恩之情。

第五章 个案调研报告

在地域广博、风景优美的川西地区，存在着许多富有代表性的村寨，它们的建筑形态特别，令人印象深刻，具有深厚的历史文化价值与艺术价值。为了深入挖掘川西民居的特色，本章将选取一些川西村寨个案，对其进行深入的分析、探讨，以期达到以小见大的目的。

第一节　萝卜羌寨调研报告

一、萝卜寨概述

萝卜寨被誉为“云朵上的街市，古羌王的遗都”，拥有着悠久的历史和独特的地势。2018年习近平总书记到汶川时，就赞誉“萝卜寨村是个漂亮的村落”。萝卜羌寨现在有261户，共计1030人。萝卜寨的村民以羌族为主，其中也有部分属于其他民族，如汉族、回族、藏族、彝族等。

萝卜寨主要发展的产业是农业、旅游业，主要出产的农作物有甜樱桃、青红脆李等。为了深入落实习近平新时代中国特色社会主义思想和党的十九大精神，全面落实中央、省州县委关于乡村振兴战略的一系列重大决策部署，萝卜寨坚持以公益为核心，以产业文化发展为辅，坚持以可持续发展的理念打造健康好乡村，努力实现“生态宜居村庄美、兴业富民生活美、文明和谐镇风美”的目标。萝卜寨村经历了上千年的岁月沧桑，作为羌民族历史文化的载体，它不仅是羌族文化的核心与脊梁，还是羌民族文化特色的品牌标志和通往世界独一无二的名片。

（一）萝卜寨的地域情况

萝卜寨村位于四川省阿坝州汶川县威州镇境内，平均海拔2000米，是名副其实的高半山台地村落（图5-1）。萝卜寨距离县城15公里，距离成都150公里，是目前为止发现的最大、最古老的黄泥羌寨，它坐落于岷江支流大峡谷高半山上最大的一块平地，这里也是鸟瞰岷江大峡谷风景最理想的场所。作为一个非常典型的高半山羌族村寨，它的北边是青坡村，南边是索桥村和其他的小村庄。其核心道路是213国道，每年有大量的游客从此经过。

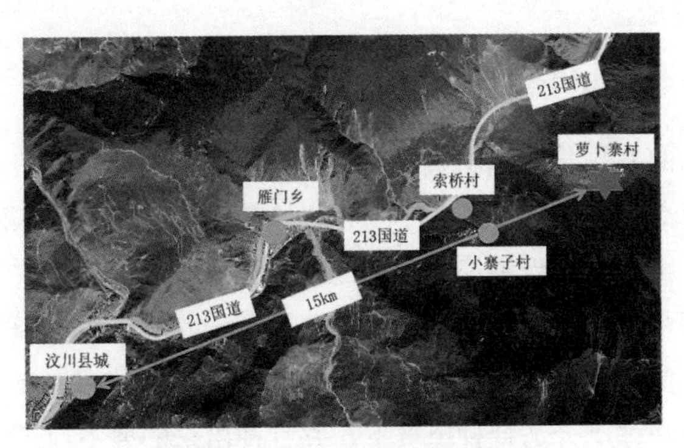

图 5-1　萝卜寨地域示意图

（二）萝卜寨的总体布局

总的来说，萝卜寨是依托于凤凰山的中部平台区，沿着中部平台向四周低的平台延伸布置的，周边的凤凰山和背后的林盘山分别从西南向和东南向将村寨包裹住。所以萝卜寨的总体布局为背面依靠着林盘山，面向着岷江大峡谷，俯瞰整个村寨，总体上像一只展翅翱翔的凤凰，如图 5-2 所示。

图 5-2　萝卜寨的总体布局

（三）萝卜寨的自然气候

萝卜寨处于高半山地，属于大陆性半干旱季风气候，整体的气候为三维气候。该地区的年降水量是 521.6 毫米。夏天的时候温度比较适宜，低于平均海拔 2500 米的区域，温度基本上保持在 11.5 ～ 12.8℃。冬天的时候比较寒冷。因此，人们现在看到的萝卜寨的房屋多半是背风向阳的，室内空间相对来说比较封闭，楼层也不是太高，这主要是为了适应当地的自然气候。同时，因为气候的原因，萝卜寨的森林覆盖面积也比较少，大多的树木都不成材。

（四）萝卜寨的历史文化

萝卜寨最初的名称是“凤凰寨”，是羌语中的“瓦兹格”的意思，后来被称作“萝卜寨”有着很多的说法。其中一种说法是：有一次外族人入侵寨子，寨主带领着族人英勇抗敌，得天独厚的险要地理优势使敌人很久才攻下寨子。攻下寨子后，敌人像切割萝卜一样将寨主的头颅砍了下来，所以后人为了纪念寨主就将寨子的名字改为萝卜寨。但是民间有着另一种说法，说是因为寨子的海拔高度、土壤以及气候条件都十分适合种植萝卜，并且种出来的萝卜口感非常好，因此当地百姓就为这个寨子取名叫萝卜寨。

古代的羌人中最具有传奇色彩的，也最有研究价值的人物是“释比”。“释比”又被称为“汉民族端公”，他们负责传承羌民族古老的文化，掌握着羌民族的文化内涵。每年的十月一日，羌寨地区最大规模的祭山会定期在萝卜寨的景区举行，它全面地向人们展示“释比”文化，这一盛会被称为“萝卜寨国际羌族释比文化节”。

二、萝卜寨的新老寨子

萝卜寨现在的建筑（图 5-3）一共分为两大类：一类是老宅子类的生土建筑；一类是新寨子类的结合现代技术与材料的钢筋混凝土建筑，是在“5・12”地震后修建于老寨子附近的寨子。萝卜寨中比较有原始特色的羌族建筑还是主要集中在萝卜寨的老寨子中。萝卜寨中的建筑基本上都是独立的院落，每家每户都沿着寨内的街巷整齐地排列。由于特殊的起伏地势，各家的院落错落有致、连绵起伏，就像演奏的音符一样富有层次感。而且，寨内的建筑朝向都是统一朝着南方。

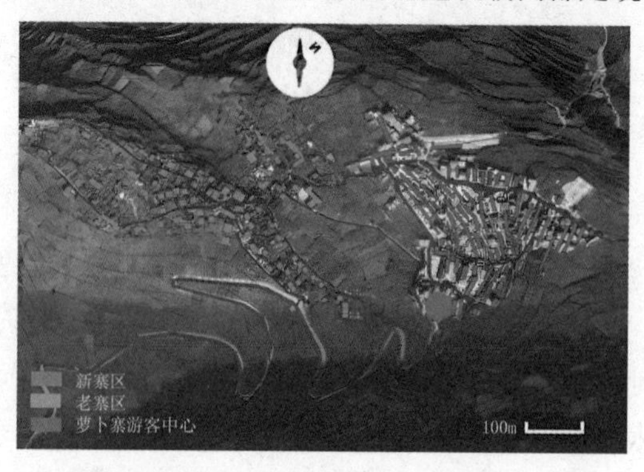

图 5-3　萝卜寨现在的建筑布局

萝卜寨内的交通路线是根据它的地形和建筑布局安排的，所以街巷也是纵横交错、高低起伏的。受“5·12”地震的影响，很多街巷都被毁坏了，现在保存的主要街巷只有 6 条，其余的都是小街巷。不过值得庆幸的是虽然很多街巷都被毁了，但是羌族街巷的布置格局还是被保留了下来，现在人们还是能够感受到它过去的风采。这里面的街巷，大部分都是就地取材铺的是小块板岩，其余没有铺砖的部分是黄土路面。萝卜寨子中的街巷都不是很宽阔，主要街巷只有 2 米宽，可能是为了节省土地，也可能是为了方便防御。其余的街巷则更加窄了，只够单人行走。街巷的两边还会用黄土夯筑起院墙，这样让原本不宽的街巷显得越发狭窄，如图 5-4 所示。

图 5-4　萝卜寨的街巷

萝卜寨子现在分为新寨子和老寨子，老寨子中居住的人口其实是很少的，基本上处于半荒废的状态，大部分住户都在新寨子中。当然，偶尔也会有人到老寨子看看，主要是因为他们比较怀旧。而且，老寨子之前本就经历过重建、修复，现在又长时间没有人维护，很多房屋已经倒塌、附近野草杂生，如图 5-5 所示。萝卜新寨子是在汶川地震之后修建的，主要是用钢筋混凝土等材料修建，同时保留了羌寨的一些特色，如羌族的图腾。但毕竟是结合了现代的工艺和现代的材料，新建筑并没有那么浓烈的羌族建筑的气息，与原汁原味老寨子的建筑区别还是很大的。同时，羌族近几年大力发展旅游事业，现在会在建设时将这一方面考虑进去，大力地修建民宿、羌家乐等建筑，以此吸引更多的游客。

图 5-5　萝卜老寨子现状

由于受到地形和气候等的限制，萝卜寨的建筑大多是坐北朝南的方位。萝卜寨中的民居建筑前方大多附带着一个院落，院落的右侧部分为一个半开敞的牲畜蓄养空间，左侧是开放式的菜园子。

萝卜寨是属于典型的平面布局户型。首先进入到堂屋，左右两边是跃层式的布置。因为上层通风比较干燥容易储存粮食，所以上层部分被用来储备粮食，而下层保温御寒所以作为居住的空间。堂屋的中间竖立着一根支撑木梁的木头柱子，这就是羌寨的家神“中柱神”。堂屋的正前方两边分别设了左右门，一般情况下右边的门被用作逝者专用的空间，所以日常处于关闭的状态；左边的门后被用作公共的活动空间，所以一直处于开敞的状态。左侧为半开敞式的厨房，中间砌有火塘，火塘中的火终年保持着不灭的状态，所以有“万年之火”之称。火塘不只是羌族人做饭、取暖的地方，也是他们主要的活动中心。

三、萝卜寨的公共建筑

萝卜寨的公共建筑类型较多，各有特色，下面对五个具有代表性的建筑进行分析。

（一）龙王庙

龙王庙（图 5-6）又被称为“莲花庙”，坐落于新寨子的入口。之所以称为莲花庙，是因为该寺庙是在一个巨大的莲花石上面修建的。它里面不仅供奉着佛教、道教诸神，还供奉着羌族当地人民信仰的动物神——老虎神。在目前发现的最早的记载中，该寺庙之前被称为“白马寺”，但因为萝卜寨地理环境的特殊性，当地常年干旱少雨，人们为了祈求雨水的降临，所以后面改名为“龙王庙”。

这座寺庙据说修建于汉明帝时期，距离今天已经有两千多年了。每到一个重要的节气，萝卜寨子中的男女老少都会聚集在这里举行祭拜仪式。总之，龙王庙是当地村民焚香祷告的一处重要的精神场所。

图 5-6 龙王庙

（二）东岳庙遗址

东岳庙坐落于萝卜寨老寨子中的西部，但是我们现在过去的话只能看到东岳庙残存的石狮子、石虎等少数遗址（图 5-7）。这主要是因为在 1966 ～ 1976 年期间，人们认为东岳庙是封建迷信的场所，所以此地就被拆除了，并且在“5·12”地震中这个地方又遭受了二次伤害。在当时，当地的人们逢年过节都会在岳王庙烧香，烧香的时候会抢第一炷香，因为传说第一个去的话会早生贵子。并且，东岳庙的遗址就在岷江大峡谷的观景台不远处，从这里朝远处望去，视野开阔无阻挡，俯视岷江大峡谷的时候有着“一览众山小”的登高望远的感觉。

图 5-7 东岳庙遗址

（三）羌王府

羌王府传说是当时带领羌族人民进行反抗的古羌王的府邸遗址，但现存的羌王府是地震之后为了保护和展示羌文化修建起来的，现在为羌王府遗址博物馆。博物馆一共有两层，是用传统的羌族建筑黄泥材料修建起来的（图5-8），里面设有羌王祭祀厅、贵宾厅、议事厅等十三个展厅，展示着羌王故事和羌族的文化。旁边还有木制的祭祀台，羌族特色气息十足。

图5-8　羌王府遗址

（四）寨门

萝卜寨现在的寨门位于萝卜寨的最低处，坐落于乡道旁，这是为了方便游客的聚集和疏散（图5-9）。寨门建造还是采取萝卜寨中的原材料，如黄泥土、砖石等，这是为了在路口处就给人展示出萝卜寨的原有形象。

图5-9　寨门

（五）西汉石棺葬群

西汉的石棺葬群位于萝卜寨入寨公路右边的崖壁上面。这是我国考古学家在 1938 年发现的最早的一座羌族地区的石棺葬。这一考古发现证明萝卜寨在 4000 年以前就已经有人类居住了，在 2000 年以前就已经形成了一个政治、经济、文化、宗教的重要活动区域。这一发现对萝卜寨和羌族的历史研究有着重要的价值。

四、小结

处于羌族聚居边缘地带的萝卜寨，有着神奇美丽的自然环境，在这个恬静悠然的乡村里，蕴藏着羌寨文化和汉族文化相互交织融合的和谐图景。这里的羌寨人民们勤劳、质朴、充满智慧，在经历几千年的历史沧桑后，依然孜孜不倦地建设着自己美丽的家乡。通过对萝卜寨历史、文化、建筑情况的调研考察，笔者认为，乡村古村落的建设改造应该以产业和基础设施为核心，不能简单地复制城市模式，将村寨变成另一个城市。对于古村落的保护与改造，发展的方向应该是给已经或者正在瓦解的村落注入新的活力，使村落活络起来，促进其再生长和有机生长。这是一种历史、文化以及社会等各方面延续和再生的方法，也是一条将古代传统文化与现代技术完美融合的纽带。

第二节　桃坪羌寨调研报告

桃坪村位于四川阿坝州理县桃坪镇，村内有国家级重点文物保护单位——桃坪羌寨（图 5-10）。这片区域最开始被称为“赤溪寨”，据传这里溪水中的石头是红色的，红色的石头也被溪水染红，由此得名。当地又有人因谐音称为“撮箕寨”。相传两百多年前，有陶氏与朱氏两族先民居住于此，人们为了表达对先祖的怀念，便将寨名改为“陶朱坪”。又因先民在这片土地上种植了许多的桃

树，桃花盛开，桃子丰硕，所以也被称为“桃子坪”，后来就逐渐简化为现在所说的“桃坪”，羌语也称“切子”。桃坪老寨碉房、碉楼众多，是保存得极为完好的羌族建筑群落，水网、街巷相互融合，整体布局缜密而流畅，被誉为“神秘东方古堡”。

桃坪村，地处东经103°26'，北纬31°33'，北与曾头村相邻，东与东山村交界，南与佳山村接壤，西与通化乡通化村、卡子村、西山村三个村相接；距汶川县城16公里，距离省会成都约150公里；全村有耕地929亩。当地属于山地立体型季风性气候，年平均气温为15℃。地处海拔1450～2800米之间的高山峡谷地区，昼夜温差大，全村主要收入来源为农业和旅游业，其中，主要经济作物有欧洲甜樱桃、青红脆李、枇杷、杏子。桃坪村辖3个村民小组，总户数356户，总人口943人，人口主要为羌族，以杨、王、余、陈、周为主要姓氏。近年来因对中华传统文化保护和发展的意识逐渐提高，桃坪羌寨也迎来了新的发展机遇。桃坪羌寨2002年被评为四川省文物保护单位，2007年被评定为国家级重点文物保护单位，2010年荣获“中国十大古村”称号，2011年被评为“四川最美村落”并荣获“中国景观村落”“全国十大文物维修工程”称号，2012年，桃坪羌寨被授予“四川省乡村旅游示范村”称号，桃坪村被评为“中国传统村落”。桃坪旅游业的发展让更多的人了解羌文化，也促进了羌文化本身的传承和宣扬。因此，本次调研选择了相对形成规模，并且具有代表性的桃坪村作为重点调查对象。

图5-10　桃坪羌寨

一、桃坪村概述

（一）桃坪村村名的由来

据说在西汉年间此地开始设立行政区划，最开始的名称源于当地的“赤溪”——一条红色的河流。河水自然不会是红色，而是水底有着许多红色的石子儿，映照着河水，让河水也显现出红色，所以被称作“赤溪”。随着时间的流逝，有两个氏族来到了这里，分别是陶氏和朱氏，由于这两个氏族的到来，这片土地就被唤作“陶朱坪”。这两个氏族在此定居，繁衍生息，开垦土地，辛勤劳作，将原本在此地就常见的野桃栽种培养，桃木漫山遍野，桃树的果实自然也远近闻名，所以大家把这里叫作“桃子坪”。乾隆年间，一位将士带领军队路过此地，正逢桃子成熟的季节，士兵们采摘果实以备行军路上食用，几日过去，地上满布鲜红桃子，阳光下闪烁着像珍珠一样的绚丽光芒。将军在路过的时候询问这个地方的名字，当地人告诉将军这里被称作“桃子坪”，将军看着眼前的景象感慨道：为什么不叫桃珠坪呢？大家在理解将军的用意后都认为这个叫法更加有文采，所以自此这里就被称作“桃珠坪”。近几十年来，为了更加方便好记，人们开始用“桃坪”来称呼这里，这个词的羌语叫“切子”，就是我们现在所说的桃坪村了。

（二）桃坪村的特色建筑

桃坪村中具有特色的建筑主要有以下几个。

1. 羌寨古碉楼

桃坪的标志性建筑——羌碉（图 5-11），这种建筑是当地最高大的，也是最具特色的景观之一。碉楼受到国外学者高度称赞，被称为“羌族建筑的典范”。碉楼不论高矮，基础均在 1 米以上，墙体自下而上慢慢收分，外侧略微向内倾斜，呈下大上小的金字塔造型，每片石料都紧密相连，是一种十分稳定的结构。在碉楼的修建过程中，没有绘图描线，也不需要使用脚手架，都是依靠木匠与石匠的丰富经验。碉楼背面有一根“鱼脊背”，用片石从地面砌至屋顶，与碉身融为一体，是羌碉最为重要的元素。它就像人的脊梁，一根筋骨撑起碉身，使得碉楼的压力得以均匀地分散，屹立于山间，经受风雨的经年洗礼而从未动摇。碉楼是村寨的标志，是村寨的图腾，是羌族民众英勇战斗的象征，因此其他屋舍

大多以碉楼为中心，村寨这种向心式的布局方式同样是在凸显碉楼的重要性。

图 5-11　羌碉

2. 羌寨迷宫巷道

桃坪羌寨老寨的寨门以碉楼为中心，设置了 8 个放射状的出入口，出入口又和道路连接紧密，犹如迷宫巷道；通道中的许多位置还安置了可射击的暗孔。老寨的设置既可匿伏士兵，又能够相互声援，展现了羌族人民高超的建筑艺术和强悍的防御水准。

3. 神秘的地下水网

桃坪羌寨老寨完整的地下水网（图 5-12）是运用水能的独特的伟大创举。远处的雪山水汇成小溪流经寨内的西边，寨内构建了许多的暗渠用来引导水流，这些暗渠又汇织成复杂的水网流经村寨中的家家户户。除此之外，地下水网还能灌溉寨外的农田，既隐秘又便利。

图 5-12　桃坪羌寨老寨的地下水网

4. 军事预警台

早年间，桃坪在山间修建有“军事预警台”，预警台修建的地理位置十分优越，在上山的必经之路上。夜晚士兵在此巡逻放哨，面对敌方的袭击有足够时间通风报信；白天士兵在此站岗更是将所有情况尽收眼底，对外敌的袭击起到了有效的预警作用。预警台结构精妙，碎石垒砌于厚墙之上，墙上放置战鼓，遇到险情只需士兵敲响战鼓就可传递军情。可惜的是这座独特的建筑已经被损毁了。

5. 川主庙

桃坪川主庙与老寨隔桥相望，建庙时间已不可考，但从庙顶的砖瓦看来，已跨过几个朝代的时光。原本庙内有一块青石碑记录着建庙等内容，但也已被损毁。寨内民众会在川主会期间参与祭祀、跳锅庄、唱民谣、聚餐饮酒，借此寄托对神灵的信仰，企盼风调雨顺、生活美满。桃坪羌寨曾经历过三次强烈地震。在汶川大地震中，桃坪全寨 400 多人无人伤亡，当地人认为这是川主菩萨保佑的缘故。

二、桃坪村羌寨聚落形态

（一）桃坪村羌寨聚落的选址

桃坪羌寨位于理县杂古脑河谷的北侧，海拔约为 1500 米。曾经生存环境的恶劣和不同民族之间的争斗以及山区土地的稀缺，使得羌寨建筑建设密集、道路

狭窄，具有较强的防御性。

（二）桃坪村羌寨聚落的布局

桃坪羌寨修建之初，各家各户的屋舍及其他建筑还是相对独立的，不同的碉房之间由街巷连通。但随着时间的流逝，小孩子成长起来，长大后又组建新的家庭，寨中的人口越来越多，碉房的数量也随之上升。但种植粮食的宝贵土地不可侵占，原本为寨子规划的区域无法扩大，就只能让碉房比邻而建，甚至共用石墙。为了保证地面道路的通畅，同时增加屋舍的使用面积，就搭建了过街楼，各家之间得以串联，整个寨子形成紧密连接的整体。背山面水，宛若迷宫的街巷，相互连接的碉房（图 5-13），沟通各家的水源，共同构建出了严密的防御体系。

图 5-13　相互连接的碉房

桃坪羌寨的水渠十分完善，水渠的流向可以满足村民日常的取水用水，也可以满足村寨水磨坊的使用，水渠分为明渠暗渠。明渠在道路一侧，方便洗衣取水；暗渠则隐入地下，不影响街面使用空间。

桃坪有大家熟悉的地面道路，但还有一种独特的空中道路。地面道路就是普遍的街与巷。桃坪羌寨的街道比较窄，巷子就更窄，但狭窄的街巷仍然构建出了独属桃坪的交通网络。村寨内部密集的民居互相倚靠，但对于道路以及屋内的使用空间仍有新的需求，便产生了过街楼这一建筑形式。过街楼夏季遮阴，冬季防风，虽然会影响地面街巷的采光，但能够减少阳光对于地面的直射，使得地面的湿度能够更好地维持，对于村寨还是利大于弊，是一种独特的建筑文化。空中道路则是指碉房户户相连的顶部的平坦晒台，既可作为休闲场所，也可用作储物晒粮，更能作为寨中的屋顶道路，使得全寨屋舍连接紧密。

（三）桃坪村羌寨聚落的建筑

羌族民居中最普遍的就是石砌碉房，桃坪也是如此。桃坪的石砌房屋，属石木结合类型，但从 20 世纪八九十年代开始，也逐渐出现水泥房等类型。

1. 桃坪村羌寨聚落中民居建筑的特点

石砌民居作为较为典型的羌族房屋建筑，内部以木料为支撑，外墙用片石砌成。整体呈梯形，自下而上收分，具有稳定性，但是修建年限很长，可能长达七八年。

村民龙小琼说："原来农村修石木结构的房子，很多年以前就要开始备木料，后面零几年我们家修新房子的时候，引进了一种新的匠人 —— 泥水匠，就开始使用水泥砂浆，水泥收旱速度快，代替了黄泥，修房的时间较以前缩短很多。"

桃坪的石砌民居房屋密集，相互紧贴，甚至共用某一墙面，修房时沿着邻居留有洞眼的外墙，再修建自己的房屋，正因如此，屋顶也往往连通，形成了不同于地面的空中屋顶道路，使得每家每户相连更加紧密。

2. 桃坪村羌寨聚落中民居建筑的空间结构

大多数民居都是 1 ～ 5 层不等，主要是三重空间结构：牲畜、人、神。底层一般用来圈养鸡、牛、羊、猪等牲畜，有些也设置厕所。中间是供人活动的主要空间，由主室、卧室、灶房等组成。顶层是神的空间，供羌民晾晒、储存粮食和放置白石（图 5-14）。

图 5-14　放置白石的顶层空间

以桃坪寨杨家（图 5-15）为例。碉房共有五层。底层墙体封闭，增加承重，通常用作储物或是饲养牲畜，厕所常与牲畜的饲养场所相邻而设。二层是整个碉房的主要使用空间，占据最重要的功能区划，火塘、主室，以及主要卧房都设置在这一层。主室既是家庭成员平日的主要活动场所，也是待客的区域，火塘则是整个主室最重要的部分，一般设置在主室的正中，是室内的活动中心。三层正对二层火塘的位置架空，用来贮烟，同时也防止火塘的明火对整个房屋造成安全隐患，设有木梯通向四层，如果家中人口众多，也可能会增设卧室。四层主要用来储存或晾制腊肉香肠等，也多存储其他物品。五层是整个碉楼的顶层，主要由晒台和照楼组成，供人晾晒粮食、休憩活动，通常照楼占据顶楼三分之一的面积，三面封闭、一面开敞，其余部分为晒台，也做屋顶道路，加强村寨的整体联系。

图 5-15　桃坪寨杨家

（四）桃坪村羌寨聚落的公共空间

聚落的公共空间小至家户的公共空间，大至寨内的公共空间，都反映了羌族人民的生活方式与互动交流形式的更新与变化，以空间为依托，传承着羌族特有的文化传统与民族精神。

1. 桃坪村羌寨聚落的家户公共空间

（1）主室

羌族民居建筑中的主室是民居建筑中最为重要的功能区域，不仅承担家庭内部主要成员的日常生活活动，也承担着待客接物的功能。

（2）火塘

火塘（图 5-16）是主室的重要构成元素，大多都位于主室正中，是室内的活动中心，一家人或是围绕火塘烧火煮饭和取暖，或是闲坐、聚会、喝酒、聊天。

图 5-16　火塘

（3）屋顶

寨内房屋相互紧挨，屋顶空间也连成一片，与下层的街巷共同构成立体的交通、交往空间，既可作为晾晒粮食的晒台，也常供妇女绣花、老人休憩和孩子玩耍。

（4）过街楼

过街楼连通各家，使得整个村寨有机地聚合在一起，这种形式使得空间的粘黏性更强，利于村民之间的交流与活动。

（5）小院坝

寨内一些民居门前会有一块小院坝，供村民晾晒、闲聊或是跳锅庄，如果院坝宽敞，还会有其他村民在闲暇时间聚集过来一同活动。

2.桃坪村羌寨聚落的村寨公共空间

（1）晒坝

晒坝是以往农村的重要社交场合。许多羌族村落都有晒坝，主要作为打麦子晒麦子的场所，是为了满足使用需求而自发形成的一块空旷的场地。桃坪村羌寨中的晒坝分为上晒坝和下晒坝，都是用来晒麦子、苞谷等粮食作物的场地。平日在晒坝上，小孩子玩着捉迷藏的游戏，老人家就找几块石头坐着闲聊。过去，晒坝既是寨子活动的中心，也是大家集体活动的缩影。如今，老寨子的晒坝依然存在，只不过早已改头换面，两个晒坝被打平后修成了“释比文化广场”，依旧为桃坪的百姓服务。

（2）球场坝子

大约在 20 世纪 90 年代，在一家的自留地上，修建了一个球场坝子，从那附

近建桥的地方运来了一些水泥，大家又自发找来一些黄泥，安上两个篮圈，孩子们就都在新修的球场坝子上玩乐。哪怕并不是纯粹的水泥地面，也阻碍不了青少年的热情。

（3）礼堂

礼堂通常是指举行重大典礼的厅堂，但桃坪的礼堂远远不止拥有这些功能。早在大集体时期桃坪就已经有礼堂的雏形，当时村民在里面开会、吃饭；礼堂也曾变身为村中的供销社，修成醒目的红瓦房；供销社从村中撤走之后，应大家的需求改成了集体大礼堂，置办了厨房，婚丧嫁娶全部在礼堂集中办理。以前的大礼堂门口被称作“食堂当门”，紧挨着球场坝子。老年人晒太阳就在台阶上一排一排坐着，妈妈们坐在“食堂当门”绣着花或者攒着鞋底。现在桃坪的礼堂早已被翻新，依旧用作婚丧嫁娶，摆桌子足足可以摆下三十张，依旧是桃坪村民重要的大型活动场所。

（4）水磨坊

水磨坊（图 5-17）需要以水为能源，并利用转动磨石的方式对粮食进行加工，这种磨坊多建于水势好的村寨。桃坪拥有丰沛、优质的天然水源，作为水渠、水网发育最为成熟的村寨之一，自然也建有水磨坊。高山寨上的羌民也会背着粮食来这里磨面。在 20 世纪 80 年代，寨民还因磨坊的使用时间与其他寨子进行过商议。可见，过去水磨坊是羌寨极为重要的功能性场所。水磨坊不仅具有功能性，还兼具社会性和神圣性。磨面的人较多时，就会排队，大家也会在排队的间隙聊天，小孩也可在附近玩耍。现在的桃坪村村民早已开始种植苹果、李子、樱桃等经济作物，种粮食的人逐渐减少，水磨坊的使用频率也就降低了很多，更多的是作为一种情怀与精神象征存在于老寨中。

图 5-17　水磨坊

（5）水渠

桃坪村老寨在建寨时就形成了一套完整的水渠系统，通过沟渠引水入寨，水渠穿街过巷、连通各家，与寨内道路相辅相成，满足各家基本的取水、灌溉、消防需求，具有调节寨内温度、防火等功能。水渠分为“明沟”和“暗渠”，方便了村民洗衣、取水，大多配有可移动的石板。它在战争年代还适合布置防御工事，防止敌人截留水源，具有战备逃生的功能。一些寨内比较宽敞的十字路口处，水渠呈开敞式。水渠作为寨内的公共空间，不仅满足了村民日常的取水需求，在村民聚集时，较为开敞的路口也满足了村民闲聊、小孩打闹等消遣取乐需求。

水渠、水磨坊等水利建筑设施都是羌民与当地自然条件和谐共处的体现，凸显了羌族人民利用水资源的古老智慧，也反映了他们精湛的建筑技艺和丰沛的生活经验。

（6）碉楼

羌族的碉楼建筑的建设与使用功能关系密切，已有学者按照功能的不同对碉楼进行了分类，分别为战碉、通信预警碉、土司官寨碉、寨碉、家碉、界碉、风水碉、祭祀碉、要隘碉等。根据调研访谈，可以将桃坪碉楼类型做出如下梳理：

①哨碉。哨碉也称通信预警碉、瞭望碉、烽火碉，大多都修建在村寨制高点或山梁转折处，以便更好满足传递信息的功能。

②家碉。家碉一般与碉房的第二层相连，大多被当作储藏室或是库房。

③风水碉。风水碉一般修建在释比选定的位置，保平安顺遂、驱邪镇妖。

④储物碉。储物碉用来存储粮食、腊肉、水等生活必需品，以备不时之需。它的高低也会代表所住人家的地位高低，因为谁家碉楼多，就证明谁家物资充足，人口众多，族群繁盛。

我们在走访中，还听过这样一个故事。村民韩龙康说：“杨家奶奶说过，桃坪的人住过来的时候呢，经常被洪水侵袭。就找了一个风水先生，风水先生到这个山上去看了一下就发现一个特征，所以我刚才让你照一下老寨的这个航空图，那个到现在为止，这个寨子都有点像一条鱼。遇水了，肯定就是偏翻嘛。直接这个风水先生说的就是你立三根碉，这三根碉就相当于是鱼叉一样，后来这里就没有遭过洪水了。”

后来没有了外敌的入侵，修建的碉楼也没有了以往战备、防御、划界的作用，更多的是象征权力或是财富。碉楼修得越多、越大、越高，越是显示这家人的富有、强盛与权力。而现在，碉楼存在的性质更是发生了根本上的变化，更多

的是作为民族的象征、文化的体现，也是羌族古老建筑技艺传承的见证。

（7）庙宇

羌族的原始宗教信仰以白石作为象征，以自然崇拜为主。羌民将白石作为天神、水神、树神、山神、火神等神灵的代表，将白石广泛地供奉在民居建筑和碉楼上，除白空寺以外并未形成独立的庙宇。羌族的民间信仰受汉文化影响较大，川西主要是川主信仰。桃坪则设有川主庙，庙内供奉川主神，也称二郎神，多指李冰之子李二郎。而不同地域信奉的神灵，又形成了各自独有的祭祀空间，羌族复杂的信仰体系，使得庙宇中供奉的神灵也多种多样，常出现不同信仰的神灵被放置在同一个庙宇的情况，但最主要的神会被放在中间，庙宇也会以这个神灵命名。就像桃坪的川主庙在供奉川主神的同时，也会供奉观音。川主庙在桃坪存在时间很长，后来这里被改成了学校。现在的川主庙通过个人的招商引资从公共空间变成了私有空间，被用作商业用途，不再是原本纯粹的宗教场所，也丧失了村寨公共空间的功能，当地居民已经不再使用。

（8）观景平台

新寨修建后搭在半山的观景平台供村民和游客俯瞰整个桃坪。

（9）其他公共空间

村中除了老寨子时期就存在的晒坝、球场坝子、礼堂、山王庙、水渠等，还有在新寨子重新规划建设的公共空间，如文化传习所（图 5-18），但是由于未能下放到村落进行管理，这类新建的公共文化空间没有得到村民的有效利用。

图 5-18　文化传习所

三、桃坪村落发展的成果和问题

（一）桃坪村落的发展成果

桃坪村在 1984 年前，为成都秋淡季蔬菜供应基地，主要供应大白菜、莴苣、冬瓜，此后主要栽种苹果，后由于收益不高改栽种青红脆李。经过不断地探索，现桃坪村主要种植经济效益较高的车厘子，当地独有的地理环境和气候条件让桃坪车厘子更甜、更大、营养价值更高，深受游客喜爱。1958 年，桃坪村家家户户都养羊，饲养量达千头以上。2002 年，国家开始实行退耕还林政策，村民总共仅养了数百头羊。后来由于桃坪村发展旅游业和环保经济，全村几乎没有农户养羊。从前的桃坪村一直以农业为主，但近年来，当地通过挖掘民族特色建筑、艺术文化以及独特的民风民俗，开发古寨的旅游资源，用本地的特色文化发展特色旅游业。2008 年地震后，桃坪羌寨的整体环境受到严重破坏，无论是老寨还是刚起步修建的新寨都损失巨大，老寨急需紧急修缮，新村也要重新规划。此外，理县挖掘村落文化遗产，积极发展旅游产业，将独具羌族风情的山歌、锅庄、羊皮鼓、羌绣、祭祀、婚礼仪式等作为特色羌文化进行宣传并加快对于特色纪念品的研发，加强从业人员培训，健全旅游发展体系，持续提升桃坪羌寨的旅游影响力。在提升经济效益的同时也更加重视传统的非物质文化遗产与建筑遗产的保护，更好地传承与宣扬古朴神秘的羌文化。例如，理县组织成立了羌绣帮扶中心，开展免费培训帮助羌族妇女精进羌绣技法，提供花样、色彩参考，传授针法技能，增加羌族妇女的就业竞争力，提升妇女地位，带动村民发展多元经济，提高收入水平。

（二）桃坪村落的发展问题

近年民族地区积极发展多元经济，转变原本单一的产业结构，桃坪村落的旅游业展现出蓬勃的生机与活力。但与此同时，也面临许多挑战，民族村寨被规划，但村民的东道主身份被弱化。2006 年新农村建设时期，不同的声音影响着新房的修建与规划，村民自己土地上修建的新房被计划、被商业化，虽然繁荣发展的旅游业让村民收入增加了，但村民的幸福感反而降低了。而且，新村老寨距离近，又直接影响老寨的维护。桃坪村在发展过程中面临着诸多问题，比如，如何继续发展旅游业、如何平衡老寨与新村民族文化传承的挑战等，这些都还等着

大家继续去寻求答案。

第三节 木卡羌寨调研报告

一、木卡羌寨概述

木卡村位于理县东南隅，坐落在海拔1600米的国道317线对岸。该村距理县县城27公里，离成都143公里，全村辖木卡组、大流星组、小流星组和八角组4个村民小组。全村有耕地375亩，退耕还林地187.74亩，主要以种植蔬菜和特色小水果（甜樱桃、杏、李等）为主。木卡羌寨依山而建，根据自然坡度呈阶梯状排列。

（一）木卡羌寨的民间传说——山王庙

相传，山王菩萨保佑着羌山的一草一木，一人一物。三百多年前的康熙年间，木卡羌寨村民的孩子陆续被石人和石狮子吃掉，很难存活，于是羌民们组织起来去攻打石人和石狮子。但在进攻的那天狂风暴雨，人们迷失在了山谷里。此时，绝望的人们祈求上天能保佑他们顺利前进。山王菩萨听到祈求后，立马带领四大金刚天兵天将从天而降，金光一闪，如一盏明灯。羌民们抬头一看，只见山王菩萨身披金甲圣衣，骑着猛虎，冲到前面，带领羌民们一起苦战，终于摧毁了吃人的石人和石狮子。正所谓恶人自有恶人磨，恶神自有恶神处。羌民们凯旋后，为了感激山王菩萨的救命之恩，全村人规定此后封山育林，爱山爱水，禁止乱砍滥伐，破坏大自然，并且每家每户拿出所有的金钱和粮食，在木卡羌寨的正中心处修建了山王庙。

庙分两层，上层塑有神像六尊，是四大天王和观音菩萨等，回廊与天花板上画有精美的神仙画像。下层的正中间正供奉着山王菩萨佛像，是按照他从天而降、拯救苍生的霸气形象而量身定做的塑像。佛像脚下还踩着那只吃人的石狮子，栩栩如生。在山王菩萨对面还搭了个戏台，每年的农历八月初一到八月初五，全村的老小都会聚到这里，请来戏班，为山王菩萨唱五天大戏，周边村寨的羌民也纷纷来这里朝拜山王菩萨，感谢他保佑这片土地。从此这片土地人丁兴旺，生生不息，山王庙前也是香火不断。如今山王庙几乎被彻底毁灭，只剩下残垣断壁（图 5-19）。

图 5-19　山王庙遗址

（二）木卡羌寨的民间传说——古绣楼

位于木卡羌寨中间的古绣楼，是当地大户人家千金大小姐的闺房，也是新娘子新媳妇的婚房。古老的石木建筑，雕栏画栋，屋里的楠木家具，袅袅香烟，仿佛随时能看到大小姐，也仿佛能看到新娘子在黄昏的夕阳下，在夜里的古灯前，为心爱的人和孩子绣着花边衣裳、云云鞋的魅丽倩影。古羌绣楼传承着羌绣一代又一代的手工活，保留住了羌绣文化，目前基本保存完好。

二、木卡羌寨聚落形态

（一）木卡羌寨聚落的选址及布局

老木卡羌寨根据地形分布，分建在道路两侧的建筑紧密相连，形成了较为封闭的一个空间系统，这样在一定程度上可以有效避免外敌的入侵。为了防御敌

人，村民们在最开始的建筑修建时有一个重要的防御空间，即过街楼。过街楼主要有两个作用：一是可以连接附近的居民楼，为的是快速移动，为作战提供有利条件；二是可以控制主干道的空间。因此，在木卡老寨，错综复杂的道路和过街楼也成为了公共空间中的重要景观元素。

新村村落就在老寨脚下布局（图 5-20）。水是村落选址布局的一个重要因素，所以新村的位置离水源较近，主要水源是新村门口的杂谷脑河，整个村寨的民居建筑分布也是按照水源的分布情况展开。这样一来，不仅可以解决农业灌溉问题，还可以解决村民日常生活用水的需求。在老寨内也有河沟水渠，后为了发展被改为蓄水库，以方便仍居住在老寨内的村民的生活需求，整个新寨与老寨的空间环境有很大不同。

图 5-20　木卡羌寨新村村落布局

（二）木卡羌寨聚落的公共空间

1. 木卡羌寨聚落中公共空间的主要类型

木卡羌寨的公共空间主要集中在古庙、山王庙、交通要道、文化院坝等地方。现在古庙和山王庙等都被拆除，后来改造成烧烤店，由于游客数量的减少，生意不好，烧烤店也关了。2008 年以后，新村修建了党群活动中心、健身广场等文化院坝。目前，最有代表性的公共空间是寨内外交通和文化院坝。

（1）寨内外交通

木卡老寨的寨内道路是根据村子内的地形自然形成的。后来，为了促进旅游业的发展、满足村寨自身的更新改造需求，村寨对道路进行了改造。

木卡新寨大门外连接了一处铁桥，通过铁桥就是317国道。另外，还有汶马高速公路和省道。可见这里交通非常便利，不仅可以促进当地的经济发展，还可以吸引不少游客。

（2）文化院坝

木卡村新建的文化院坝集文化活动、法制宣传、远程教育、计生服务等功能为一体，内设农家书屋、公益固定电影放映点、娱乐室、读报栏、“村村响”广播电视、村卫生室、村计生室等，如图5-21所示。

图5-21　木卡村新建的文化院坝

2. 木卡羌寨聚落中公共空间的发展

（1）木卡羌寨聚落公共空间发展较差的原因

①空间被闲置。新建公共空间并没有发挥出应有的作用。村里的老人说，新寨子人很少，因为土地变少，乡村经济发展落后，大量青壮年劳动力流入城市，

所以常年生活在寨子里的人大多数为老年人和小孩。这些人平时基本上在家里看电视，因此，寨子里的公共空间基本上都被闲置了。

②功能被替代。木卡村的公共空间使用功能不明确，本身原有的功能被替代。例如，祭祀坛和莎朗广场的使用功能并不一样，但是在新建过程中，这两个承载着重要仪式的空间场所被融合为一体。新建最大的公共空间就是正大门进去之后的文化院坝，包括党群活动中心、图书馆等。虽然新建的文化院坝也能承载一些议事集散等功能，但是村民对于新建空间没有认同感，甚至使用频率很少，也没有办法使二者所承载的不同传统文化得到延续与发展。

③遗址被拆除。除了人口迁移问题，大多数村寨的遗址还面临着年久失修、荒败坍塌的问题。木卡羌寨的老庙、山王庙等一些历史遗址，本来可以作为震后旅游发展的主要资源，游客们可以从遗址中想象到当年木卡寨热闹非凡的祭祀活动及其他大型活动，但由于一直没有得到修护，这些遗址只能被拆除。遗址及周围杂草丛生破败不堪，形成了二次破坏，更加导致了旅游的不景气和村寨空心化的现象。

（2）木卡羌寨聚落公共空间发展的建议

①激活文化广场。目前的公共空间主要为村寨内的党群服务中心前的空地，虽然增加了一些健身器材和篮球筐，但是村内年轻人较少，这些设施等同于摆设，党群服务中心也只有在开会议事的时候才会使用，广场在平时更是无人问津。笔者认为，想要恢复传统文化习俗，首先就要将广场利用起来，比如，可以在广场恢复一些传统文化活动，使村民能够大量地使用广场功能，重新确立文化广场在村民心中的主要地位。

②明确设计方向。笔者在走访的时候看到，新建的公共空间主要是党群活动中心前面和后面周围的空地。这些地方只有少量的健身器材和公告栏，没有更完善的基础设施建设，更没有木卡村的特色文化设计。因此，笔者认为，首先要明确公共空间的设计方向，发展旅游业既要有特色设计，也要能满足当地村民的日常生活需求，并把二者更好地结合起来，达到一个平衡状态，最后完善一些基础设施。

③完善公共空间。规划传统村落的旅游发展，设计者要充分考虑原住村民对原始公共空间的依恋因素，最好能找到平衡本土与外来游客之间对公共空间的设计改造方案，增加村民的幸福感，解决乡村空心化的问题，让村民可以实现在家就有收入的愿望。

第四节　黑虎羌寨调研报告

一、黑虎羌寨概述

黑虎羌寨位于四川省阿坝州茂县的黑虎镇，全镇有 99% 的人都是羌族。它在岷江上游支流河谷地带。

最初，这里的名字叫“黑猫羌族寨”。相传在某一天全寨男女老少祭天的时候，看见一对黑虎在注视着祈福的他们，人们都认为那是天神派来的幸运物，听到了他们的祷告来保佑他们的，所以后来“黑猫羌寨”更名为“黑虎羌寨”。2019 年，根据党中央的指示，撤销黑虎乡，设立了黑虎镇。

二、黑虎羌寨聚落形态

（一）黑虎羌寨的聚落选址

黑虎羌寨选址于半山坡高山峡谷间凸出的台地面上，与周边的其他村寨形成高低错落的态势。台地两边尽头为悬崖峭壁，整体的形态呈现一个等腰三角形向背后的高山展开，视野开阔且拥有大片的土地可进行耕种和活动，属于典型的羌族古村寨的选址。黑虎羌寨拥有特殊的地理位置，所以具有很好的防御功能。此外，黑虎羌寨在一开始修建的时候就考虑到了防御作用，所以在修建碉楼的时候首先考虑的也是防御。羌寨无论是在最初的选址还是在后期的修建布局方面，始终秉持着防御这一初心。

（二）黑虎羌寨的周边环境

黑虎羌寨处于半山坡上，两面都面临着悬崖峭壁，背靠着大山。山谷的侧面零星散落着其他几户居民。由于地处半山坡上，耕种的土地都呈现出梯田式，一层一层有序排列着，从远处看井然有序，与山、天、建筑融为一体，形成一道壮丽的风景线。

（三）黑虎羌寨的整体布局

从建筑的布局上来看，民居建筑以碉楼为同心圆向外展开，或聚集或扩散，整体呈现出较为完美的中心形态布局。中部的富余空间即为羌族人民的公共空间，闲暇时在此聚会闲聊，忙碌时在此劳作。同时，大家也在这些公共空间举行重要的仪式活动。

三、黑虎羌寨的碉楼建筑

（一）黑虎羌碉的建筑规模

羌寨的碉楼有各种各样的样式，楼体呈四角形、六角形、八角形，等等。关于碉楼样式的发展也是有着一定的说法的。据说当地的同一姓氏的人家发展到了一定程度时，大家就会集资修建碉楼，如果是四家人一起修建的那就是四角，如果是六家人一起修建的则是六角，以此类推。与此同时，碉楼的层数也是不一样的，有七八层的也有十三四层的。大致来说，碉楼的层数都是保持在十层以上，并且碉楼的入口处一般是修建在距离地面 2.4 米左右的台面上。黑虎寨曾经有碉楼 80 余栋，现在这里保存完好的碉楼只有 7 栋（图 5-22）。

图 5-22　黑虎寨碉楼

（二）黑虎羌碉的建筑造型

据村民说，最早的碉堡有可能建于唐朝，到现在已有1000多年，一般的也有数百年历史。与桃坪的公共碉堡有所不同，黑虎寨的碉堡大多是由私人建造的。碉堡内部空间以门相通，是比较陈旧的碉堡防御形式。黑虎堡的造型比桃坪更古朴，平面造型丰富，有四边、六边、八边、十边、甚至圆形等。碉楼内部也有木质层级化地板，用独木梯子将各层连接起来。

黑虎寨子的碉楼建筑采用的是穿斗式木质结构的坡顶面，与汶川县内的其他建筑有所不同。

第五节　西索村调研报告

一、西索村概述

（一）地理位置与气候

西索村位于四川省成都市西北方向，距离成都354公里。旁边有317国道，与210省道交汇，距离马尔康只有8公里。梭磨河横穿官寨，梭磨河大峡谷景观风景宜人，美不胜收。西索村属于高原山地气候，地势由东北向西南逐渐降低，海拔在2180～5301米。气候冬暖夏凉，昼夜温差大，日照充足。年均气温8～9°C，年降水量753毫米，年均日照2000小时以上，绝对无霜期只有120天。

（二）交通

曾经的西索村交通不便，大多都是土路，且村寨在高山环绕之间，因此通向官寨的路经常会被山体塌方、泥石流等自然灾害破坏，当地的发展受到了制约。2004年阿坝州将县与县之间的道路铺成了油路，村民的出入交通条件得到了极大改善。

二、西索村落历史沿革

卓克基土司接受朝廷的分封，并通过世袭制来巩固他们的统治。在土司的统治下一共经历了17代，统治极盛时期分封土地面积达到5000平方公里。

1938～1940年，土司索观瀛组织人力对卓克基官寨进行重建。1988年，卓克基官寨上交国家并被国务院列为第三批国家重点文物保护单位。

2005年，卓克基官寨被列入全国100个红色经典旅游景区之一。

三、西索村聚落形态

现在西索村主要分为三个部分：土司官寨、西索民居、旅游服务中心。卓克基土司官寨始建于元朝，官寨内居住着村落的主人也就是土司和他的家人。后来因为与红军对抗发生火灾，1938年由最后一位土司重建。2013年卓克基土司官寨被列入中国传统村落名录。

（一）村落选址

村落位于山地之间的平坦地带，依山傍水，风景宜人。西索村的整体布局以卓克基土司官寨为中心，官寨是整个村落权力的中心和精神的中心。官寨旁边就是梭磨河，大门前面曾经是西索村官员住的地方，从官寨的高层望去，居民的建筑尽收眼底。

（二）村落布局

村落中最主要的部分就是卓克基土司官寨，其他居民的房屋则建在官寨旁边，依照山体的坡度呈现层层叠叠的状态。

土司官寨作为整个村落的权力的象征，与居民的建筑相比更加高大，繁华。村里的建筑朝向都是面对官寨的，这是为了能够更好地守卫官寨，在主人需要的时候能够及时满足主人的需求。梭磨河从村落内横穿而过，对于以农业为主的嘉绒藏族来说，梭磨河不仅可以用来灌溉农田，对土司官寨还可以起到防御的功能（图5-23）。

图 5-23　西索村民居

（三）村落建筑及材料

村落建筑主要以石头、黄泥和木头搭建而成，建筑之间离得很近，这也是为了节省土地的使用，更好地凝聚村民。整个村落建筑依山而建，层层叠叠，每家都挂着彩色的经幡，使整个村子在宗教的背景下显得美丽又神秘。而作为中心的卓克基土司官寨则是西索村最高大的建筑，在藏汉文化融合的背景下，官寨呈现一种四合院的形态，内有天井。平时官寨主人可以在这里举行宴会，跳锅庄等。官寨一共有五层，每层建筑都有不同的功能。一楼为官寨内奴隶居住的地方，二楼会客，三楼为主人居住，四楼和五楼则是供佛大殿和经堂。

藏族民居（图 5-24）的特点是会用宗教图案来装饰，如吉祥八宝、云纹、佛祖画像。房檐用红色、蓝色、黄色、绿色等来涂绘。屋顶插有彩色的经幡，意在诵经祈福。官寨主人用很多的金色饰物来装饰房屋，从而体现尊贵的身份。

图 5-24　藏族民居

四、西索村建筑保护建议

卓克基土司官寨与村落建筑是极具特色的文物保护单位，对我国建筑研究有较大的研究价值。因此，保护村落区域和官寨建筑形式是非常重要的。

（一）卓克基官寨的保护建议

对于官寨的保护首先要保证的是建筑的安全，在官寨内设置消防灭火设备，提醒游客禁止在建筑内吸烟，以免发生意外。严格控制建筑内的用电设施，装置避雷针等。其次对建筑内的设施要经常检查有没有损坏，保护官寨原有的形态，结构和原始材料保持不变。严格按照文物保护方面的要求来保护官寨外观和官寨内部设施。再次，对官寨外部的环境也要加强保护，官寨旁边的梭磨河要经常检查，避免洪涝期对官寨和村落的损坏。在保护区域内可以设置 VR 文化体验馆、长征纪念馆等，交互式体验方式可以让游客身临其境般地感受西索村的自然环境和在卓克基官寨里的生活方式。

（二）西索民居的保护建议

①重新规划民居，拆除一些风貌较差的建筑，恢复历史空间环境；②保护民居西南侧较为纯净的自然景观背景；③对于保持农业原有的生态样式，并加以优化。

西索村作为国家级传统村落，其空间形态的演变是人们生活生产需求发展的直观体现，保留至今，其历史、文化价值不言而喻，因此要做好相应的保护发展规划。康泽恩城市形态学提出的“管理单元”理念对于西索村的有序更新具有重要意义，不仅强调了村民个体权力和村落保护之间的关系，更是对以往粗犷式保护规划方法的重要改进。传统建筑的继承与发展已经是现代建筑主要的研究点，对于卓克基土司官寨和西索村的一些藏族聚落发展研究其实还有待深入。

第六节　石厢子堰塘彝族村寨调研报告

一、堰塘村概况

（一）地理位置

石厢子堰塘村位于叙永县城南，依山傍水、群山环抱，村头一座座像箱子样的巨石矗立着，素有“石厢子”之称。该村有着悠久的历史和灿烂的文化，是赤水河流域乌蒙花海的主要风景区之一，同时也是叙永县范围内甜橙基地的核心区。其周边旅游景点有长征旧址（石厢子）、陕西会馆（春秋祠）、清凉洞、雪山关等，具备良好的旅游基础。

（二）文化资源

石厢子堰塘村的文化多样性主要通过彝族文化遗产呈现出来，它是人类文化创造力的伟大表现，是中华民族文化不可分割的组成部分，也是不可多得的精神资源。如何利用彝族非物质文化遗产推动新时代背景下堰塘村的乡村复兴，这不仅仅是重大的基础理论课题，同时更是重大的社会实际考虑。彝族乡堰塘村用丰富的彝族特色、红色文化、赤水河的自然风光串联出集生态、文化、产业于一体的乡村旅游发展的道路。三月花开时，堰塘村成为农旅融合“明星村”，以其丰富的旅游吸引力，吸引着越来越多游人前来游玩。

笔者根据现场的多次走访和调研考察，总结归纳了以下几项目前在堰塘村留存较完善的民族文化。

①火把节。节日习俗。2006 年 5 月 20 日，“彝族火把节”经相关部门审定列为首批国家级非物质文化遗产，是彝族非常重要的民族传统历史文化遗产。千百年来，彝族人都在“火把节”这天举行盛大庆典，堰塘村村民们纵情地放声歌唱、摔跤、奔跑，手执火炬，环绕着房舍和田间，聚集在同一地烧起篝火跳舞。

②彝族年。节日习俗。彝族年是指集祭奠先人、游艺竞赛、餐饮玩乐、服饰

装扮等一系列风俗项目于一身的祭祀和庆祝性彝族传统节日。每个地区的彝族年都没有特定的日期，石厢子堰塘村的彝族年主要在11月中旬前后进行。2011年，该传统节日被列入非物质文化遗产名录。

③彝族服饰。传统服饰。2014年被列入第四批国家非物质文化遗产名单。黑、红、黄是彝族的传统色彩。在彝族服饰中，图案纹样多为羊角、窗格等，一般以纯羊毛为主要原料，手艺加工制成，从收集绵羊毛、纺成绒线、浸染衣服，到织布、剪裁、绣花，整个过程均由彝人手艺共同完成。据调查，石厢子堰塘村彝族聚居地是古代西南地区彝族文明的重要发源地，过去的彝族服饰和现在凉山彝族服饰大致一样，但明清时期服饰样式改变很大，现在都是乌蒙山式的彝族服饰。

④彝文书法。2009年7月13日，彝文书法被列为第二批省级非物质文化遗产。彝文书法与汉字书法有着密切的关系，又有自己的个性特点。彝文是彝族古代文字的三大要素的集合体，是唯一活下来的古文字。彝文的形成虽晚于东汉时期，但其特征更为突出，“横、直、圆、曲、弧”是彝文的主体，尤其是弧线和曲线，增加了丰富的表现力，增强了彝文书法作品的美学色彩，进而提高了彝文书法的观赏性和艺术感染力。

⑤彝族信仰。宗教崇拜。彝族信仰带有浓厚的原始宗教神秘色彩，信奉多神灵，一般是对万事有灵的大自然崇敬和对先祖崇敬。自然崇拜中，最重要的是对精灵和亡灵的信奉，因为彝族人民相信在大自然界中很多毫无生命的事物都带有灵力，认为其具有保护家人的魔力。此外，彝族聚落还保留着深厚的图腾崇拜传统，主要崇拜牛与虎，多被装饰在房屋建筑的墙面和屋顶上。

二、堰塘村建筑特征研究

彝族传统民居是彝族文明的重要载体，堰塘村的传统民居建筑具有民族传统价值和民族文化特色，在很大程度上体现了彝族奴隶制时代堰塘村的传统社会形态和民族精神文化。然而，虽然彝族传统村落具有传统建筑形式和建筑技术的文化价值和传承，但同时又与正在兴起的现代建筑文明相冲突，面临着逐渐丧失民族和地方建筑特色的巨大风险。

堰塘村属乌蒙山系彝族聚居地，坚持当地取材的地域性建筑原则，其村民住宅多使用夯土构筑，存在时期较长也较广泛，而之前的中国西南地区多数彝族建筑物都是夯土瓦板房，采用黄土垂直设计原则，呈现功能与实用价值相结合的新式建筑。因此石厢子堰塘村的传统民居建设风貌，既在相当程度上传承了中国传统文化的丰富内涵，同时又融合了堰塘村所独特的少数民族传统元素，具有地方特色。随着城市化发展，农村人口的社会地位和经济水平也随着工业的发展而不断提高，传统的砖房建筑已经成为石厢子堰塘村村民的一种新选择。以笔者对石厢子堰塘村的建设现状调查情况而言，尽管目前堰塘村建筑物大多仍然保持着彝族传统民居建筑物的特点，包括了带有彝族特点的房檐垂梁和吊柱的色彩装饰与雕塑等，但其因地制宜和就地取材的地方性特征不太明显（图 5-25）。

图 5-25　石厢子堰塘村第八栋民居建筑

（一）平面特征研究

石厢子彝族乡堰塘村房屋建筑为一户一屋的小家园，数户至数十户杂错相连，形成自然村庄。堰塘村的传统住宅为每户一屋三房，正中为厨房和客卧，右边是卧室和储藏物品的地方，左边用作存放粮食、磨具和饲养家畜之所。此外，在建筑内厨房的左上角一般还会设火塘，在火塘旁边通常会立三块石支撑铁锅，当地人通称为“锅庄”，彝称“甘奴”。堰塘村的房屋建筑注重装饰，房门两侧用小木块的正方形带花图案装饰。屋檐横方起翘，呈牛角形状，横方撑柱雕刻有马蹄图案，梁枋、横架均雕刻有牛羊头图案，展现了堰塘村彝族所特有的图腾崇拜文化。

（二）立面特征研究

彝族对神灵的传统崇拜，赋予了石厢子堰塘村传统民居建筑及空间环境更深层次的内涵和意义。从空间层次上来看，堰塘村的传统民宅建筑物立面的主要特色表现为在传统建筑物结构加工完整的基础上所作的镂空和彩画，装饰工作聚焦于屋顶、柱和墙体上，用黑色、红色和黄色描绘挑檐、门框、连檐，丰富建筑色彩，垂梁和吊柱的下端雕刻牛头，增加简单的线状几何形状，具有强烈的地方民族特色。同时，从精神层次上来看，在堰塘村，农民普遍相信“柱”是与神灵和人交流的主要方式和渠道，而火、日月、鸟兽、牛角、羊头、农作物等被看作和神灵交流的主要媒介。所以，在堰塘村民居建筑的立面造型上，“柱”被重点装饰雕刻，并被赋予了堰塘村所特有的图腾以显示信仰（图 5-26）。

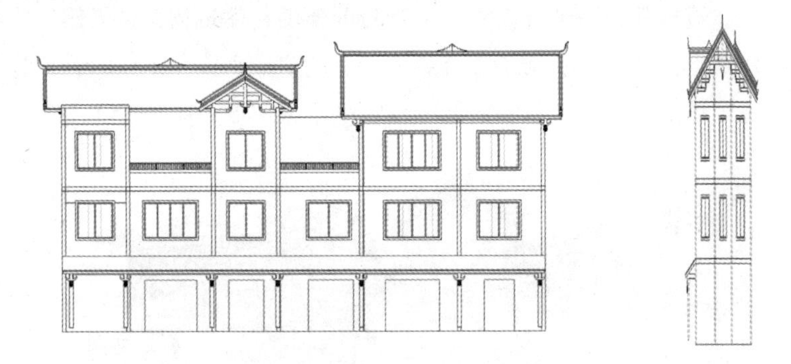

图 5-26　石厢子堰塘村第八栋民居建筑立面图

（三）屋顶特征研究

随着时代的推进，堰塘村传统民居建筑的建造构件与施工工艺都发生了巨大变化，其屋顶形态和装饰不断变化，这是外来建筑文化与堰塘村彝族文化的相互影响和融汇的结果。

在中国传统民居建筑的屋顶结构上，石厢子彝族乡堰塘村采用了西南民族建筑中常见的单面结构和两个坡状构造，即硬山和悬山顶结合的形式，并罩上蝴蝶瓦，其屋顶的出檐效果更为深远。在正脊正中还用瓦块垒起了一个制高点，使屋顶呈“品”字型，在西南地区民俗中这个具有装饰意义的制高点被称为“太岁”，有着镇宅安室的重要作用。而在其建筑形态以及民族性装饰艺术上，堰塘村的农民逐渐放弃了自然建筑材料和复杂多变的木结构，采用了目前被简化过后的堰塘村新式民居建筑样式。具体表现为其屋顶除了局部的前檐装饰运用了黑、红、黄漆料进行图腾几何纹样的彩绘，屋脊中部及两端翘起并附有彝族独特的牛角、羊头等装饰雕刻，以及屋檐下方的吊柱构件装饰以外，其余的复杂木结构装饰已被大量简化。

（四）建筑材料与装饰特征研究

石厢子堰塘村传统民居的建筑材料和内部装修元素具有深厚的历史价值和实用价值，是堰塘村在岁月的更迭中流传下来的瑰宝。独特的民族宗教和民俗风情形成了堰塘村多样的建筑形态，通过独特的木构架结构、丰富多彩的石雕技术和彩绘图腾装饰等，形成了独具特色的农村传统建筑文化，从而影响到了堰塘村的建筑装饰艺术，使其有了新的发展。时代的发展为石厢子堰塘村传统住宅建筑和传统民俗文化的继承发展加大了难度，而绝对的文化传承也势必不利于传统乡村公共建筑以及景观环境的更新。所以，对石厢子堰塘村彝族传统民居建筑颜色与装修形式的深入研究，也是思考堰塘村彝族传统民俗文化如何在现代公共建筑与景观空间设计中活化再生的重要环节，其建筑色彩与艺术形式值得现代民居建筑装饰借鉴与学习，从而增强现代建筑设计的美学功效，这也是推动其传统民俗文化的继承和发扬的关键部分。笔者根据对石厢子堰塘村进行的田野调查，总结归纳了石厢子堰塘村传统民居建筑材料与装饰特征，如表 5-1 所示。

表 5-1　石厢子堰塘村传统民居建筑主要材料

名称	夯土	石材	木材	砖	瓦
应用区域	建筑墙面	建筑台基、墙基、柱础	建筑柱子、梁、檩、枋	建筑墙体	建筑屋顶
施工工艺	以水泥作为建筑的主体材料敷于砖墙上，夹板加固后填土夯。水泥材料在堰塘村住宅建设中大多用于建筑外墙部位，除具有防护、御寒等功能之外，还对木构架起到横向支承、围护建筑结构的重要作用	堰塘村民居建筑物的基石通常采用石料作主体材料，石台基又分为正房平台、厢房平台、天井平台，尤其柱础也是用石料制成。总之，全部建筑物的台基部位都用石料浇筑	采用穿斗、斗拱方法组合成木结构，在墙上架梁，支撑房梁，保证房屋的稳固。用木材组成的斗拱、穿枋、垂柱相接，形成垂吊式	砖是石厢子堰塘村传统民居建筑中用作墙体的主要建筑材料。因为砖砌墙具备了耐火性、持久性、保温隔热性等优异特性，所以砌体结构已成为堰塘村住宅建设的主要结构	瓦是堰塘村传统民居建筑中用作屋顶的主要建筑材料。房顶盖云杉木板，加固横木，再覆上瓦片
图片示意					

三、堰塘村的空间价值

（一）历史价值

作为国家级传统古村落，石厢子堰塘村以彝族文化为主要特色，其公共空间中蕴含着的多重价值，需要人们将之继承下去，并加以一定的研究和保护。对堰塘村公共空间进行重构，可以更好地弘扬这种经历史磨砺的人文精神，也可以铸造堰塘村少数民族地区特有的民族内核，从而积累更丰富的人文内涵。

（二）科学价值

对堰塘村的公共空间加以重构研究，突出了村落的地方特色与民族文脉，并将其独特内涵外化于堰塘村的每一景观节点，在景观环境中对其文化符号进行隐喻式表达。在堰塘村进行富含人文意蕴的彝族自然景观风貌、公共设施以及极具辨识度的地标式风景建设以后，无疑将增添堰塘村和周边景点的游览魅力，让村庄的文脉得到有机传承。

（三）艺术价值

堰塘村现有的彝族文化特色、历史建筑和地方文脉是难以再生的珍贵宝藏。对堰塘村整体进行全方位、有目的性的景观重构，在重视少数民族传统文化原真性，重视地方文脉的原则上，对乡村风光做出有根据的研究、有科学理论指导的改造设计。这将成为改善堰塘村公共空间环境，提高其民俗文化传播水平的有效途径，并让石厢子堰塘村的民俗人文、建筑景观风貌更具有文化美学价值。

（四）社会价值

改善堰塘村的公共空间环境可以提高堰塘村和周围景点的知名度，对外展现堰塘村的优秀民族文化。通过景观规划设计、建筑物维护翻新、设施改善等丰富村落空间利用的形式，有利于改变堰塘村建设条件和景观环境脱节的现状，有效促进堰塘村传统民俗文化的弘扬，从而提高堰塘村及周围景点的吸引力，使得堰塘村及周围业态更为完善多元，进一步提升石厢子堰塘村村民和附近住户的生活水平。

四、堰塘村现状分析

（一）公共建筑现状

石厢子堰塘村作为彝族传统村寨，拥有与其他彝族聚落类似的彝族民居建筑风格，但随着村落的变迁，其在局部材料与装饰细节上又有自身独特之处，因此，堰塘村民居建筑的特征及其演变过程极具研究价值。石厢子堰塘村的公共建筑，主要有医疗建筑、党群服务建筑、文化展示建筑和戏台建筑，基本承载了村民的精神生活，是村里开展各项公共活动和仪式的主要活动中心，对本村产生着很大的影响。随着时间的推移，村民的精神生活更加丰富，现有的公共建筑还附加了民族聚会、科普教育、休闲娱乐等功能。

在对堰塘村公共建筑（图 5-27）进行调查的过程中，笔者发现堰塘村没有独立的具有标志性的公共空间和地标性建筑，而现有的医疗卫生所、党群服务站等公共建筑又没有明显的彝族传统文化特征，村寨整体建设风貌与结构特征凌乱，布局无序，也缺少有质感的村落空间，其本身的公共空间的识别性和归属感显得明显不足。布鲁诺·陶特在《城市之冠》一书中，将中国现代村镇的这种混乱状态比喻为“无头之躯”—— 失魂似的缺失场所性特征，这是中国现代乡村发展所要面对的最普遍性的困难。[1]

图 5-27　石厢子堰塘村公共建筑现状图

（二）公共景观现状

新农村建设和乡村旅游发展规划改善了石厢子堰塘村的居住环境，提升了村民的生活质量。但目前只注重了建筑及道路建设，公共景观环境与建筑脱节，基础设施缺失，景观缺乏空间功能性。

总体来说，目前堰塘村公共景观空间的保护和开发利用的情况并不乐观，从实地考察的情况可以看出，堰塘村目前主要以农旅为开发方向，但由于目前的发

[1] 布鲁诺·陶特．城市之冠 [M]．杨涛，译．北京：华中科技大学出版社，2019：135.

展中缺乏对环境的整体性考虑，公共景观空间也没有得到完善的保护，村内风景环境也遭到了破坏，很多公共景观空间都处在闲置荒废的状态，场所功能单调而且缺乏活力。具体有以下几个方面。

第一，空间缺乏功能性景观，景观小品较少，座椅等公共设施破损老旧，没有划定规范停车场，车辆占用道路或停放在自家门口，影响了道路交通和景观环境。

第二，由于堰塘村村内的景观规划不恰当，路面沿途并无重要景观节点，在路基地面铺装中原砌筑地也被大批混凝土所替代，使得路面的摊铺平平无奇且没有质感。

第三，堰塘村建筑周围的植被也比较杂乱，植物层次感不足，品种单调，与建筑整体不协调。

（三）公共景观与建筑融合度现状

堰塘村建设以后，当地政府对核心地区 120 多户农民住宅进行了彝家特有的仿旧民居重建，同时还对部分传统民宅建筑的外立面进行了维修翻新。虽然是由地方政府部门统筹把控，可是依然存在着部分私人建筑并未遵循规定的建筑形式装修，而只是选用了更偏城镇化、更现代的建筑风格形式和装修材料。例如，虽然颜色相同，可是主要建造形式还是别墅小洋房，而传统的木窗木门也演变成了更现代城镇化的复合门和铝合金玻璃门等。另外，建筑外绿化景观杂乱无序，景观多位于民居建筑内部院落或天井部分，属于村民私人住宅空间。从调研情况来看，目前堰塘村公共景观区域基本为空白状态，村落内大部分民居建筑与整体景观风貌不符，极大地破坏了村落的整体风貌形象，公共景观空间需要进行进一步的规划。

（四）公共基础设施现状

石厢子堰塘村已于 2019 年响应地方政府的新寨工程和传统村落保护号召，对民居建筑和设施进行了恢复。但是因为政府管理和保护的能力不足，堰塘村内设施严重损坏老化且无人监管，甚至闲置荒废。经走访调查，村民及外来游客对目前村内基础设施的状况不太满意，希望能感受更便捷舒适的公共环境。

（五）文化旅游吸引力现状

2019 年，堰塘村新寨建成后引来了一些本地及省内外彝族传统民俗文化爱好者到这里观光旅游。虽然旅游产业的发展为村里居民创造了良好的经济效益，但是因为堰塘村后期的建设管理疏漏、配套设备老旧、传统民俗元素逐渐淡化、公共空间景观风貌不统一、景观环境没有整体性、对外推广效果不够好等因素，其乡村魅力大大减弱，从而导致了目前“本地游人不来，外地游人不知”的现象。

五、堰塘村发展中的利弊分析

（一）堰塘村发展中的积极因素

石厢子堰塘村为四川省实施“乡村振兴战略”的示范村，在当地具有很高的社会知名度。村落内黄墙灰瓦的古民居建筑独具彝家风格，周边环境风光旖旎、景色宜人，具有十分良好的自然环境资源、丰富的历史底蕴、悠远的历史渊源和强大的民族文化旅游魅力。作为贵州省赤水河流域优良果品及甜橘产业基地的核心区，堰塘村现创新摸索出一条“文旅并举、产村相融”的文旅农相融的旅游发展之路，并以便捷的交通运输条件和良好的地理位置加持，石厢子堰塘村有着充分的文化艺术旅游发展基础。

（二）堰塘村发展中的消极因素

由于石厢子堰塘村长期没有系统化的管理制度，其公用空间设施严重老化、服务功能不足，致使村落游客流失。同时，堰塘村的民俗传统文化建筑和自然景观遗存也并未受到合理的保护和运用，且村庄内部也并未建立相对规整有序的公共文化空间，多数公共景观空间都处在闲置荒废的状态，区域功能单调且缺乏活力。此外，由于缺乏对村庄传统文化氛围的营造以及对彝族地区特色民俗文化的推广，堰塘村对外地旅游者的人文旅游吸引力不够。

六、堰塘村公共建筑空间保护与重构

（一）堰塘村公共建筑空间的保护

1. 堰塘村公共建筑空间的保护原则

对石厢子堰塘村公共空间中的传统建筑和特色景观加以保护，功在当下，惠

及未来。在这个过程中，必须贯彻环境真实性原则、新老共生原则、环境整体性原则和可持续发展原则等。

（1）真实性原则

真实性原则，即真实、全面地评估堰塘村传统建筑物的价值，反映其发展演变中的重要历史信息并对建筑进行保护与传承。石厢子堰塘村公共空间具有不可再生性等特点，在对其公共空间进行维护与改造的过程中，必须着重去平衡堰塘村公共空间的维护和发展，在不失堰塘村民族文化原真性的基本原则下，让堰塘村公共空间焕发出新的活力与生命力。同时还必须注重保护原有公共建筑的平立面形式、构件、装饰以及建筑材料等，以及体现在景观环境中的宗教信仰、图腾崇拜、民族活动特性等。此外，也必须重视各个时代石厢子堰塘村所留下的历史印记，并加以保存，以此延续堰塘村历史的真实性。

（2）新老共生原则

在对石厢子堰塘村公共建筑与景观空间进行保护的过程中，在新旧建筑融合和新旧景观融合的创作命题中寻求新与旧的共存性，是公共建筑空间保护的根本。同时，共生作为基本理念，也给堰塘村建筑和景观空间的整体协调性发展带来了丰富而深远的意义。

（3）整体性原则

在对石厢子堰塘村公共建筑和景观空间进行保护的过程中，顺应村庄的历史发展规律，遵循村庄发展的自然肌理，同时重视本村的民俗传统与乡土民俗文化，有计划地、整体性地对堰塘村公共空间进行保护，使石厢子堰塘村的建筑与景观环境达到和谐统一。

（4）可持续发展原则

“可持续发展”是指既符合当代经济社会发展的基本要求，又能在此基础上给人类今后的发展留下改进的空间的发展模式。石厢子堰塘村对公共建筑和景观空间的保护需要兼顾整个堰塘村的发展可持续性，充分保护好堰塘村的传统民俗人文、历史文脉和传统建筑艺术等，并为今后完善和更新堰塘村留有余地，进而实现整个堰塘村的可持续发展。

2. 堰塘村公共建筑空间的保护策略

第一，消除公共建筑和景观环境安全隐患，补齐短板。在修缮工作中，必须根据有关法律法规、历史文献和科学依据，最大限度地沿用原历史建筑景观所采用的传统材料，并与先进工艺技术相结合。

第二，明确石厢子堰塘村公共建筑具体的保护区域，并根据其保护现状、民俗元素、时代特征进行分类维护，同时对整个堰塘村的公共景观环境分区加以完善。

第三，由于传统技术和材料的限制，维修人员有时候会使用最新的工艺和材料。在实践中，可以通过设立档案或在维护部位的隐蔽处标记具体的维护日期、材料和技术方案等方法，在随后的维护和恢复中对其进行识别和评估。

第四，在政府参与管理的基础上，建立健全民族传统建筑保护的相关法律法规、档案和监督机制，以宣传教育提高群众对民族传统建筑保护的认识和重视程度。

（二）堰塘村公共建筑空间的重构

1.堰塘村公共建筑空间的重构原则

（1）整体性原则

改造石厢子堰塘村公共建筑和景观空间，要妥善处理传统民居建筑与现代公共空间特别是空间的过渡与和谐性问题，着力解决当前建筑与景观环境的脱节问题。要遵循乡村历史规律，顺应乡村发展的自然肌理，重视乡村的民族文化和传统乡土文化底蕴，有计划、整体地对堰塘村的公共空间进行重构实践，实现石厢子堰塘村建筑环境与景观环境的和谐统一。同时，不仅要有针对性地保护传统村落的公共空间，还要在保护的基础上，将最有价值的民俗或传统文化融入公共空间景观，找准最具触媒潜力的文化元素，建设具有合理催化作用的地标性公共建筑和景点，与周边区域因素互动，对周边产生影响，激发乡村整体活力。

（2）可持续发展原则

在公共建筑和景观空间的重构研究中，要充分融合堰塘村彝族的民俗风情和传统文化精髓，将堰塘村的公共建筑和自然景观风貌与传统文脉和空间记忆相结合，使整个堰塘村公共空间更具生命力，更具有历史的连续性和可持续发展性的能力。石厢子堰塘村公共空间的改造，不仅是对公共空间的维护和完善，也是对堰塘村历史文化的继承和弘扬。

（3）针对性原则

传统村落的改造要循序渐进、有的放矢，以村庄的传统文脉和空间记忆为基础，而不是大刀阔斧地拆除新建筑。传统乡村有自己的建筑和景观空间布局，在石厢子堰塘村公共空间的改造过程中，要根据彝族独特的历史遗产、村落历史文

化和民俗风情，有计划、有目的地进行重构实践。

（4）原真性原则

在石厢子堰塘村公共建筑和景观空间的改造过程中，最值得注意的问题是乡土文化、历史文脉和空间的保护与发展。新农村建设中的“千村一面”，是对民族传统文化、历史文脉和真实性的蔑视。在设计中，如果不深入挖掘传统村落的历史文脉和民族文化的空间场所记忆，只会使堰塘村失去原有的民族地域特色和文化内涵，最终成为一个具有相同特色的“新式”村落，这实际上是对堰塘村的又一次破坏，是对民族传统文化的不尊重。

2.堰塘村公共建筑空间的重构策略

（1）挖掘历史文化，延续乡土记忆

石厢子堰塘村具有深厚的民族文化资源，对其所承载的彝族文化与乡土文脉进行传承与延续是堰塘村公共文化空间重构的关键。通过对石厢子堰塘村核心文化内涵的传承和发扬，以及对彝族聚落物质与非物质文化遗产的保护与再利用，可以彰显堰塘村公共文化空间的地域性文化特色。在对石厢子堰塘村公共建筑及景观空间进行重构的实践中，通过一种“非在地的在地性”（nonlocal locality）重构乡愁，基于堰塘村民族传统文脉，充分考虑到堰塘村的建设能力，并运用多元化的乡村文化语言对同质化的城乡一体进行反抗，让公共空间重塑堰塘村的精神家园以及场所记忆。

（2）更新重组功能，激发空间活力

随着时代的变化，堰塘村公共空间的基本功能已无法适应农民生产生活和精神文明的需要，且公共空间环境与民居建筑的实际发展已经脱节，所以需要对公共空间原有不适合的功能加以调整重组，推动公共空间功能创新，以适应农民生活新的需要，与此同时需顺应时代发展要求，使堰塘村的民居建筑与其周边景观环境相协调，让其成为一个和谐的整体，为堰塘村的发展创造新的活力，带动村落经济。此外，把公共建筑空间置入堰塘村中，有效汲取当地的民族文化特质，有利于在创造村民交流环境的同时，构造一个具有独特的辨识度，为村民归属感而存在的精神场所，形成石厢子堰塘村新的聚落精神和情感中心，激活堰塘村村民的生活热情。多元化的空间布局和完善的功能分区，不但可以让堰塘村的经济产业发展更为多元、农民日常生活更为便捷、村庄建设更显充满活力，而且还可以给游人带来更为舒适便利的旅游感受。

（3）现代诠释传统，创造多元价值

在对石厢子堰塘村公共建筑及景观空间进行重构实践时，最常遇到也是最棘手的问题就是现代与传统的矛盾。首先，是否有必要牺牲现代都市生活的舒适和便利来保存祖先文明的原真性？答案是否定的。需要用更现代的方式来重新诠释传统文明建设，尝试将石厢子堰塘村彝族的民间文化、传统乡村人文与现代建筑设计结合起来，并应用于该村的公共空间重构设计中，使传统村庄建筑不被视为封闭的个体，而是与周边城镇的发展趋势相结合。其次，是如何顺应新时代的发展趋势，使堰塘村迸发出新的活力。主要运用现代新颖便捷的建筑设计材料、设计手段、理论指导方法等，为堰塘村公共空间注入新的文化血脉，以更容易为现代大众接受的方式重新诠释堰塘村的彝族文化。

石厢子堰塘村的人文、艺术和社会价值，经过了悠久历史时光的洗礼和广大人民群众的考验。堰塘村蕴含的中华民族优良传统人文精髓是值得发掘和传承的瑰宝，堰塘村的公共建筑、景观环境也是堰塘村传统人文精髓的载体。那么应该如何复兴中华民族的这一优良传统和历史人文宝藏，如何用公共空间传承好石厢子堰塘村的历史文化呢？在堰塘村传统公共空间改造中，要结合彝族地方特点和传统民俗文化内容，将民族传统文化场景构建、艺术装置雕刻、风景小品、外立面改造、广场铺装设计等落到实处。此外，通过对石厢子堰塘村传统民俗文化的分析与活化，将该村的精神内涵转化为一定的文创产业，建设独具特色的堰塘村传统民俗文化品牌，激活堰塘村的历史价值和人文价值。

（4）场地功能整合，整体持续发展

经过对石厢子堰塘村公共空间的现场调查，梳理了堰塘村的建筑及景观环境的大致脉络。堰塘村的交通体系欠发达，街巷空间较小，广场区只有一个空间，缺乏人性化空间设计，民居建筑物周围没有必要的公众活动空间，公共景观空间空旷荒凉。因此，利用闲置空间可以扩大公众活动范围，完善公共公共场所格局，进一步丰富堰塘村的内部功能，为当地农民提供更加完整、多样的生活和旅游体验。

石厢子堰塘村公共空间与景观的重构实践，既是对堰塘村公共空间的更新设计，也是对堰塘村公共空间与景观环境可持续性的重视。堰塘村公共空间改造如何适应农民的生活水平和生产生活精神？在尊重民俗文化和传统文化的同时，如何对外来旅游者形成持久吸引力，形成一条完整产业链？这些问题必须在堰塘村公共空间重构设计中进行深入探讨，以保持空间活力，形成有序可行的发展态势。这是新时期公共空间建设的需要，也是平衡村镇与周边发展的核心要求。

结 语

建筑是凝固的艺术，具有很强的历史性、民俗性、地区性和宗教性。我国少数民族建筑因地制宜，与自然融为一体，它们不仅是群众生活的场所，也是民俗文化活动的场所，反映着该民族的社会观念和审美观念。在当代中国，建筑艺术设计已经逐渐成为人们日常生活中不可忽视的部分，人们对自身所处环境带给自己的感官体验的重视和对环境美的追求都刺激着建筑艺术的发展。在建筑设施不断现代化的背景下，人们在建筑设计方面逐渐遭遇创新的瓶颈。为寻求突破，有人秉持返璞归真的思想，开始尝试在传统文化中寻找新的创意和灵感。而我国作为一个统一的多民族国家，传统文化内容十分丰富，民族建筑风格尤其多姿多彩。因此，以复古的手段寻求新的建筑设计思路，不失为一条有效途径。从这个层面来讲，关注并研究我国部分地区的少数民族建筑是十分有意义的。

我国西南地区的民族在很大程度上反映着我国古代多样化的民族情况，西南民族史在很大程度上反映着中国民族史，同时西南民族文化的细节也常反映着中国古代文化的细节。单从建筑景观这一个层面来看，西南地区的建筑以其多样性在很大程度上反映着中国的建筑史。四川向来有“天府之国”的美誉，从古至今都在很大程度上代表了我国西南地区的发展情况。回顾整个川西少数民族建筑研究，不难发现其诸多显著特点无外乎体现在自然环境和人文环境两个方面。事实上，自然环境和人文环境的融合，不仅是我国四川少数民族建筑的显著特点，也不仅是我国西南地区传统建筑的独特风格，更是我国整体传统民族建筑的一般规律。

首先，从自然环境来看，由于整个四川地区海拔落差大，山地分布众多且复杂，其自然环境呈现出多地形、多气候、多物产等特性。在地形上，四川山谷林

立、盆地众多、落差巨大。大小山脉分布其间，纵横交织、错综复杂，形成区域性的垂直立体地形。从高原湖泊到平川、河谷、丘陵、高坡、坝子、石林等，呈现出各种多样的自然地理特征。同时，地形的变化多样导致气候的垂直差异十分明显，独特的地理条件与多样的立体气候，使四川动植物资源极为丰富。另外，四川生态圈中布满了众多河流与高原湖泊，水资源极其丰富，为当地生态环境的活跃和物产丰富提供了基础条件。例如，川西藏族地区地处长江和黄河源头，支流众多，金沙江、雅砻江、大渡河、白河、黑河等，无不与川西藏族地区保持紧密关联；川西羌族境内则有岷江、黑水河、杂谷脑河、青片河和白草河等水资源，地势落差大，不仅特别适合农作物的生长，而且具有水电开发的潜能；至于川西彝族地区，则有金沙江、大渡河、雅砻江穿越而过，加之重峦叠嶂、气候温润，也十分适合人类居住和万物生长。总之，充沛的水资源、丰富的动植物物种、多样的地形特征、立体的气候条件是四川自然生态的整体表现。这种多元的自然地理基质客观上为人类聚居创造了多样的背景，是四川地域出现多元文化类型的生态前提，而这也正是研究四川地域建筑文化的重要背景。

其次，从人文环境来看，四川地域文化具有多民族、多宗教、多分布、多边缘的特点。由于四川地貌的立体多样，在空间上很难像中原文化那样形成高度统一的文化类型，所以客观上为此地区居住的人类划定了若干彼此隔离、相对稳定的生长点。各生长点在若干相似或各异的自然空间中演化发展，为不同样式的文化提供土壤，最终形成各具特色的文化族群，同时也形成了西南地域文化“大杂居，小聚居”的整体多元格局。客观的地理环境和文化发展很大程度影响着建筑文化的形成与发展，也深刻影响了四川民族建筑的种类，碉楼、民居、桥梁、官寨等，这些传统民族建筑均能在四川地界窥见身影，而且数量庞大、风格独特。西南地区地处几大文化板块交界处，长期以来就是各方移民流离迁徙之境，因此成为各种文化交汇的地方，楚文化、桂文化、藏文化等，无不与四川民族文化多有交融。加之川内的南丝绸之路、茶马古道和数次大规模移民等人文影响，使得四川地域文化越发丰富，逐渐成为中华文化圈中颇具特色的亚文化。在川西，藏族建筑的雄浑敦厚、羌族建筑的气势恢宏、彝族建筑的古朴自然，无不充分展现了四川民族建筑文化的独特性和多样性。由此可见，地域文化的形成与地理生境特点、民族演化和周边的文化影响紧密相关，这种地域文化的形成过程深刻地反映在了民族建筑的方方面面。

最后，应当注意的是，如今全球经济一体化趋势波及世界各国，信息技术的飞速发展和现代交通的快捷便利等诸多现代化进程都促使文化趋同现象的产生。

随着西方经济的渗透开始影响其他国家的文化及价值观，我国作为世界经济的主要参与者，同样不可避免地受到文化趋同的影响。从正式实行改革开放政策以来，我国与西方世界在经济、文化等方面的交流日益增多，在学习、借鉴西方的先进技术以促进自身发展的同时，随之而来的文化全球化浪潮使我国的传统民族文化遭受猛烈冲击。西方文化生存的土壤不同于中国，所以西方的审美思想传播至中国时，自然会与我国传统文化发生冲突，并对我国的传统文化造成不同程度的冲击和破坏。一些人甚至认为，当代建筑景观只有模仿西方建筑风格才会得到市场的认可，这实际上是对我国本土文化极度不自信的一种表现。要减少和避免这种行为，就要着眼于传承并发扬我国优秀的传统建筑文化，强调当代建筑艺术中充分引入民族文化的重要性，通过少数民族建筑元素实践运用与艺术理论的结合，在国人心目中建立起足够的文化自信。

在未来，我国须通过更加深入、系统的研究，填补国内有关传统民族建筑研究的空白，从文化生态学的视角审视地域建筑文化的发展，从而树立客观的文化多元观和文化价值观。通过对传统民族建筑的自然环境、发展历程、空间格局、文化特征等内容的不断分析与研究，深刻诠释民族建筑文化风貌及其背后的地域文化特色，促进我国建筑文化整体和谐发展，保证各地民族建筑设计的和而不同，从而开拓一个适应于我国建筑艺术研究发展实际情况的全新领域。

参考文献

[1]曹海林．村落公共空间：透视乡村社会秩序生成与重构的一个分析视角 [J]. 天府新论，2005（4）：88-92.

[2]陈波，李婷婷．城镇化加速期我国农村公共文化空间再造：理论与模式构建 [J]. 艺术百家，2015（6）：64-71.

[3]陈波．公共文化空间弱化：乡村文化振兴的“软肋”[J]. 人民论坛，2018（21）：124-127.

[4]陈大乾．从羌族文化、民风民俗看羌族建筑 [J]. 四川建筑，1995，15（4）：2-3.

[5]陈勇，陈国阶，刘邵权．川西南山地民族聚落生态研究 —— 以米易县麦地村为例 [J]. 山地学报，2005（1）：108-114.

[6]成斌．凉山彝族民居 [M]. 北京：中国建材工业出版社，2017.

[7]成斌．四川羌族民居现代建筑模式研究 [D]. 西安：西安建筑科技大学，2015.

[8]戴志中，杨宇振．中国西南地域建筑文化 [M]. 武汉：湖北教育出版社，2003.

[9]邓廷良．羌笛悠悠：羌文化的保护与传承 [M]. 成都：四川人民出版社，2009.

[10]丁思俭．中国伊斯兰建筑艺术 [M]. 银川：宁夏人民出版社，2010.

[11]豆晓荣．羌族 [M]. 乌鲁木齐：新疆美术摄影出版社，2010.

[12]杜赞奇．文化、权力与国家：1900—1942 年的华北农村 [M]. 王福明，译．南京：江苏人民出版社，2008.

[13]段进．城市空间发展论（第 2 版）[M]. 南京：江苏科学技术出版社，2006.
[14]费孝通．江村经济：中国农民的生活 [M]. 戴可景，译．北京：外语教学与研究出版社，2010.
[15]费孝通．乡土中国 [M]. 北京：人民出版社，2008.
[16]冯骥才．传统村落的困境与出路 —— 兼谈传统村落是另一类文化遗产 [J]. 民间文化论坛，2013（1）：7-12.
[17]冯瑞．从文化视角探讨蒙古族民族过程的特点 [J]. 民族研究，2002（6）：73-77.
[18]付正汇，程海帆．传统村落文化空间及其保护初探 —— 以红河哈尼梯田遗产区阿者科村为例 [J]. 中国民族建筑研究会第二十届学术年会论文特辑，2017（7）：32-38.
[19]傅才武，侯雪言．当代中国农村公共文化空间的解释维度与场景设计 [J]. 艺术百家，2016，32（6）：38-43.
[20]盖尔．交往与空间 [M]. 何人可，译．北京：中国建筑工业出版社，2002.
[21]高春凤．叙事性表达视角下乡村公共文化空间的构建路径 [J]. 学习论坛，2019（2）：59-65.
[22]高明，成斌，陈玉，等．川西藏区新民居传统装饰元素的传承和创新研究 [J]. 安徽建筑，2018，24（2）：35-37，41.
[23]葛亮．北川羌族传统民居的保护与传承 [D]. 西安：西安建筑科技大学，2010.
[24]耿少将．嘉绒秘境马尔康 [M]. 成都：四川人民出版社，2006.
[25]苟翠屏．卢作孚、晏阳初乡村建设思想之比较 [J]. 西南师范大学学报（人文社会科学版），2005（5）：129-135.
[26]关凯．现代化与少数民族的文化变迁 [J]. 中南民族大学学报（人文社会科学版），2002，22（6）：45-48.
[27]管彦波．西南民族聚落的背景分析与功能探究 [J]. 民族研究，1997（6）：83-91.
[28]管彦波．影响西南民族聚落的各种社会文化因素 [J]. 贵州民族研究，2001（2）：94-99.
[29]郭夏茹．西南少数民族山地建筑空间形态与建筑文化探究 [J]. 贵州民族研究，2018，39（2）：102-106.

[30]哈贝马斯．公共领域的结构转型 [M]．曹卫东，译．上海：学林出版社，1999.
[31]韩伟．参与式灾后重建的实践和思考——以四川省茂县雅都乡大寨村灾后重建调查为例 [J]．农村经济，2009（10）：44-46.
[32]韩云洁．论羌族服饰文化在幼儿教育中的传承及应用 [J]．阿坝师范高等专科学校学报，2012，29（1）：5-7.
[33]韩云洁．羌族文化传承与教育 [M]．北京：民族出版社，2014.
[34]何兰萍．公共空间与文化生活：冀中平原 N 村调查 [M]．北京：中国社会科学出版社，2012.
[35]郑莉，陈昌文，胡冰霜．藏族居民——宗教信仰的物质载体——对嘉戎藏族牧民民居的宗教社会学田野调查 [J]．西藏大学学报（社会科学版），2002（1）：5-9.
[36]黄承伟，彭善朴．汶川地震灾后恢复重建总体规划实施社会影响评估 [M]．北京：社会科学文献出版社，2010.
[37]吉合蔡华，沙马布都嫫，布乌自辉，等．凉山彝族风情 [M]．成都：巴蜀书社，2005.
[38]季富政．岷江上游的文明记忆羌族碉楼与村寨 [J]．中国文化遗产，2008（4）：10-22.
[39]季富政．中国羌族建筑 [M]．成都：西南交通大学出版社，2000.
[40]蒋彬．当代羌族村寨人口结构考察——以巴夺寨为例 [J]．西南民族大学学报（人文社会科学版），2004，25（11）：15-19.
[41]金尚会．中国彝族文化的民族学研究 [D]．北京：中央民族大学，2005.
[42]邝良锋，陈书羲．羌族民间信仰的乡村治理价值研究 [J]．阿坝师范学院学报，2020，37（1）：13-23.
[43]喇明英．羌族村寨重建模式和建筑类型对羌族文化重构的影响分析 [J]．中华文化论坛，2009（3）：111-114.
[44]李菲．身体的隐匿：非物质文化遗产知识反思 [M]．北京：民族出版社，2017.
[45]李建伟．民族建筑设计中的民族关怀研究——基于后工业景观设计视角 [J]．贵州民族研究，2015，36（6）：66-69.
[46]李茂，李忠俊．嘉绒藏族民俗志 [M]．北京：中央民族大学出版社，2011.

[47]李天雪．民族过程——文化变迁研究的新视角 [J]. 黑龙江民族丛刊，2006（1）：106-109.
[48]李翔宇．川藏茶马古道沿线聚落与藏族住宅研究（四川藏区）[D]. 重庆：重庆大学，2015.
[49]李臻赜．川西高原藏传佛教寺院建筑研究 [D]. 重庆：重庆大学，2005.
[50]郦大方，杜凡丁，李林梅．丹巴县藏族传统聚落空间形态构成 [J]. 风景园林，2013（1）：110-117.
[51]梁茵．西南少数民族建筑景观研究 [M]. 北京：原子能出版社，2018.
[52]刘晓芳，涂哲智．传统村落风貌演变的定量化分析方法 [J]. 华侨大学学报（自然科学版），2017，38（6）：811-817.
[53]刘莹．凉山彝族装饰艺术的符号释义 [J]. 大众文艺（理论），2008（12）：191-192.
[54]鲁炜中，梁茵，张瑞娟，等．羌族官寨建筑景观的文化解构 [J]. 西南科技大学学报（哲学社会科学版），2018，35（3）：76-79.
[55]罗莉．坪头村调查：羌族 [M]. 北京：中国经济出版社，2014.
[56]罗正副．文化传承视域下的无文字民族非物质文化遗产保护省思 [J]. 贵州社会科学，2008（2）：19-23.
[57]马健庆．基于传统构建技法萝卜寨羌族建筑的更新设计研究 [D]. 成都：成都理工大学，2020.
[58]马学广．城中村空间的社会生产与治理机制研究——以广州市海珠区为例 [J]. 城市发展研究，2010，17（2）：126-133.
[59]马永强．重建乡村公共文化空间的意义与实现途径 [J]. 甘肃社会科学，2011（3）：179-183.
[60]马长寿．氐与羌 [M]. 桂林：广西师范大学出版社，2006.
[61]倪梦．少数民族文化传承场域的消解与建构——基于民族学校教育的思考 [J]. 湖北民族学院学报（哲学社会科学版），2013，31（3）：47-50.
[62]牛治富．西藏科学技术史 [M]. 广州：广东科技出版社，2003.
[63]曲木车和．四川世居彝族文化 [M]. 成都：四川民族出版社，2009.
[64]冉光荣，李绍明，周锡珢．羌族史 [M]. 成都：四川民族出版社，1985.
[65]任乃强．羌族源流探索 [M]. 重庆：重庆出版社，1984.
[66]沈昊．基于社会——空间关系视角下的休闲体验型乡村营建研究 [D]. 杭州：浙江大学，2019.

[67]施密特．迈向三维辩证法——列斐伏尔的空间生产理论 [J]．杨舢，译．国际城市规划，2021，36（3）：5-13.
[68]斯心直．西南民族建筑研究 [M]．昆明：云南教育出版社，1992.
[69]《四川藏区民居图谱》编委会．四川藏区民居图谱：甘孜州康东卷 [M]．北京：旅游教育出版社，2016.
[70]四川省建设委员会，四川省勘察设计协会，四川省土木建筑学会．四川古建筑 [M]．成都：四川科学技术出版社，1992.
[71]四川省建设委员会，四川省勘察设计协会，四川省土木建筑学会．四川民居 [M]．成都：四川人民出版社，1996.
[72]四川省人民政府新闻办公室．四川藏区 [M]．成都：巴蜀书社，2003.
[73]宋蜀华，陈克进．中国民族概论 [M]．北京：中央民族大学出版社，2001.
[74]孙九霞，周一．日常生活视野中的旅游社区空间再生产研究——基于列斐伏尔与德塞图的理论视角 [J]．地理学报，2014（10）：1575-1579.
[75]索晓霞．无形的链结：贵州少数民族文化的传承与现代化 [M]．贵阳：贵州民族出版社，2000.
[76]谈士杰．藏族民间文学述评 [J]．青海社会科学，1984（2）：88-89.
[77]王东．国家——社会视角下羌族村庄经济转型研究——以汶川县雁村为个案 [D]．北京：中央民族大学，2011.
[78]王海燕．从“共同体”到“集合体”：岷江上游羌村“城镇化”进程的省思 [J]．青海民族研究，2018，29（1）：78-82.
[79]王琳瑛．乡村文化空间形塑及其发展政策义涵——以西北 C 村为例 [D]．北京：中国农业大学，2019.
[80]王明珂．华夏边缘：历史记忆与族群认同 [M]．杭州：浙江人民出版社，2013.
[81]王明珂．羌在汉藏之间：川西羌族的历史人类学研究 [M]．北京：中华书局，2008.
[82]王明珂．寻羌：羌乡田野杂记 [M]．北京：中华书局，2009.
[83]王晓莉．中国少数民族建筑 [M]．北京：五洲传播出版社，2007.
[84]王祯，田银生．嘉绒藏族传统村落空间形态研究——以卓克基西索村为例 [J]．智能建筑与智慧城市，2021（4）：51-53.
[85]魏美仙．文化生态：民族文化传承研究的一个视角 [J]．学术探索，2002（4）：106-109.

[86]温泉，董莉莉．西南彝族传统聚落与建筑研究 [M]. 北京：科学出版社，2016.

[87]温泉．西南彝族传统聚落与建筑研究 [D]. 重庆：重庆大学，2015.

[88]乌丙安．非物质文化遗产保护中文化圈理论的应用 [J]. 江西社会科学，2005（1）：102-106.

[89]乌丙安．民俗文化空间：中国非物质文化遗产保护的重中之重 [J]. 民间文化论坛，2007（1）：98-100.

[90]席建超，王新歌，孔钦钦，等．旅游地乡村聚落演变与土地利用模式——野三坡旅游区三个旅游村落案例研究 [J]. 地理学报，2014，69（4）：531-540.

[91]向云驹．论“文化空间”[J]. 中央民族大学学报（哲学社会科学版），2008，35（3）：81-88.

[92]辛允星．“捆绑式发展”与“隐喻型政治”对汶川地震灾区平坝羌寨的案例研究 [J]. 社会，2013，33（3）：159-183.

[93]熊梅．历史时期川西高原的民居形制及其成因 [J]. 中国历史地理论丛，2015（4）：125-138.

[94]徐平．试论羌族多元一体格局的形成 [J]. 中央民族学院学报（哲学社会科学版），1992（4）：23-28.

[95]徐平．文化的适应和变迁：四川羌村调查 [M]. 上海：上海人民出版社，2006.

[96]徐平．乡土社会的血缘关系——以四川省羌村调查为例 [J]. 中国农业大学学报（社会科学版），2007（2）：16-29.

[97]徐仁瑶，王晓莉．中国少数民族建筑 [M]. 北京：中央民族大学出版社，2000.

[98]晏鲤波．少数民族文化传承综论 [J]. 思想战线，2007（3）：42-47.

[99]杨昌鸣．东南亚与中国西南少数民族建筑文化探析 [M]. 天津：天津大学出版社，2004.

[100]杨嘉铭，杨环．四川藏区的建筑文化 [M]. 成都：四川民族出版社，2007.

[101]杨嘉铭．高碉：兀自挺立的历史 [J]. 西藏人文地理，2006（3）：106-121.

[102]姚扣根，赵骥．中国艺术十六讲 [M]. 上海：百家出版社，2009.

[103]余压芳，刘建浩．论西南少数民族村寨中的“文化空间”[J]. 贵州民族研究，2011，32（2）：32-35.
[104]岳天明．论我国民族地区社会变迁的制约因素 [J]. 中央民族大学学报（哲学社会科学版），2002，29（6）：24-29.
[105]岳子煊．基于文化人类学视角下的苏北乡村公共空间营建方法 [D]. 徐州：中国矿业大学，2019.
[106]泽周磋．四川阿坝州色尔古藏寨传统聚落与民居建筑研究 [J]. 青年与社会，2019（3）：248.
[107]张博．非物质文化遗产的文化空间保护 [J]. 青海社会科学，2007（1）：33-36.
[108]张琳，刘滨谊，宋秋宜．现代乡村社区公共文化空间规划研究 —— 以江苏句容市于家边村为例 [J]. 中国城市林业，2016，14（3）：12-16.
[109]张龙．凉山彝族自然村寨景观形态研究 [D]. 南京：南京林业大学，2013.
[110]张艳玲，肖大威．历史文化村镇文化空间保护研究 [J]. 华中建筑，2010（7）：169-171.
[111]赵海翔．少数民族建筑艺术概论 [M]. 石家庄：河北美术出版社，2009.
[112]赵世林．论民族文化传承的本质 [J]. 北京大学学报（哲学社会科学版），2002，39（3）：10-16.
[113]郑瑞涛．羌族文化的传承与嬗变 [D]. 北京：中央民族大学，2010.
[114]《中国少数民族社会历史调查资料丛刊》修订编辑委员会．羌族社会历史调查 [M]. 北京：民族出版社，2009.
[115]中华人民共和国住房和城乡建设部．中国传统建筑解析与传承　四川卷 [M]. 北京：中国建筑工业出版社，2016.
[116]孙江．“空间生产”：从马克思到当代 [M]. 北京：人民出版社，2008.
[117]邹珊刚．技术与技术哲学 [M]. 北京：知识出版社，1987.